Edizioni PensareDiverso
Cenacolo Jung Pauli

Vicente Cajal

El universo es inteligente. El alma existe.

Misterios cuánticos, multiverso, entrelazamiento, sincronicidad. Más allá de la materialidad, para una visión espiritual del cosmos.

Resumen.

Introducción

Los increíbles descubrimientos de la física cuántica están trastornando completamente los supuestos de la ciencia clásica. Hoy la técnica permite logros sorprendentes. Por ejemplo, las primeras computadoras cuánticas con capacidades de computación casi ilimitadas se están realizando. Algunos apoyan la posibilidad real de viajar en el tiempo. Además de estas innovaciones conocidas por el público en general, hay otras menos conocidas pero no menos importantes. Estas son las novedades derivadas de los estudios cuánticos, entre los que podemos mencionar la "superposición de estados" y el "colapso cuántico".

La "superposición de estados" confirma que la misma partícula se puede encontrar simultáneamente en dos o más lugares. La teoría del "colapso cuántico" confirma que el comportamiento de la materia puede decidirse simplemente por observación. Estas no son suposiciones, sino principios verificados experimentalmente.

Este libro no solo trata con estas innovaciones, sino que da mucho espacio a teorías más avanzadas. Estas son teorías anunciadas pero aún no confirmadas. Además, el libro también evalúa las teorías más arriesgadas, siempre que estén basadas científicamente.

Por ejemplo, el libro habla sobre el multiverso, o teoría de universos paralelos, propuesto por el físico Hugh Everett. De la misma manera el libro habla de no-localidad. Es un espacio psíquico totalmente independiente de las leyes de la física clásica. Como resultado de la no localidad, las partículas elementales, ubicadas a distancias astronómicas, se comportan como si fueran una sola.

Este libro también habla sobre las últimas investigaciones de Roger Penrose, un físico incrédulo, y Stuart Hameroff. Según estos dos científicos, el alma existe y puede identificarse con fluctuaciones cuánticas. Estas fluctuaciones tienen la capacidad de sobrevivir a la muerte física del cuerpo.

Si realmente las "almas" son condensaciones de fluctuaciones cuánticas, podemos formular una pregunta: ¿será posible idear instrumentos que permitan el diálogo con estas fluctuaciones?

El libro expone la investigación de científicos establecidos pero sin usar ninguna fórmula matemática. Las teorías están expuestas de manera simple y comprensible para todos. De esta manera, todos pueden descubrir los aspectos insospechados de la realidad en que vivimos.

Está claro que la física cuántica está decretando el fin del materialismo y el comienzo de una nueva fase cultural, basada en la colaboración entre el espíritu y la materia.

Viviendo en la cáscara de una nuez

*Mi objetivo es simple. Es la comprensión completa del
universo. Quiero entender
por qué el universo está hecho como es
y por qué existe realmente.*
(Stephen Hawking, astrofísico)

¿Qué tiene Hamlet con Stephen Hawking?

El 14 de marzo de 2018, en Cambridge, uno de los científicos más famosos de nuestro tiempo, el astrofísico Stephen Hawking, falleció. Sus intereses abarcaban vastas áreas de conocimiento. Por ejemplo, primero realizó estudios científicos sobre las alineaciones astronómicas de Stonehenge.

Hawking también fue un comunicador muy valioso. Su obra más famosa, el libro "Una breve historia del tiempo", se publicó en 1988 y ha vendido más de diez millones de copias en todo el mundo.

En 2001, Hawking lanzó otro éxito, "The Universe in a Nutshell". El título es bastante original para no despertar curiosidad. De hecho, la referencia a la cáscara de la nuez no se explica en la introducción. Solo podemos encontrar una referencia al comienzo del tercer capítulo. Aquí hay una cita de Hamlet de Shakespeare:

> "Oh Dios, podría ser atado en la cáscara de una nuez y considerarme un rey del espacio infinito".
>
> *(Hamlet, Acto II)*

Hawking es un hombre de vasta cultura. Hay una razón específica por la que decidió elegir esta cita. Este capítulo intentará explicar el motivo de esta elección. A partir de esta cita, podremos comprender los temas que se analizan a continuación.

Un autor que representa su tiempo.

William Shakespeare vivió entre 1564 y 1616. Produjo muchas obras. Entre estas obras, la más famosa es, sin duda, la Hamlet, que Shakespeare escribió entre 1600 y 1602.

Hamlet es una tragedia y cuenta algunos eventos aparentemente fantásticos que, sin embargo, pueden vincularse al contexto político y cultural de la época. De hecho, Shakespeare llena la narrativa con implicaciones. En consecuencia, el contenido del trabajo puede ser evaluado en diferentes niveles. Podemos distinguir el nivel narrativo y el nivel histórico. Pero también hay un tercer nivel. Esto puede considerarse como la transposición de las opiniones del autor en relación con el fermento cultural de la época.

Los tres niveles se resumen en el diagrama adjunto. El conocimiento de la trama detallada de Hamlet no es esencial para comprender las diferentes interpretaciones. Podemos recordar brevemente que uno de los personajes principales es el Rey Claudio. Claudio se casó con Gertrude, la viuda del difunto rey Hamlet. Por cierto, Gertrude es la madre del príncipe Hamlet. (Curiosamente, el joven príncipe tiene el mismo nombre que su padre).

El fantasma del rey fallecido aparece a su hijo Hamlet y revela el secreto de su muerte. Afirma haber sido asesinado por Claudio. Claudio cometió el crimen de usurpar el reino y casarse con Gertrude. Cualquier persona que quiera puede encontrar un resumen de la trama en el Apéndice.

En la narración, las vicisitudes de un personaje negativo, el rey Claudio, asesino y usurpador, se entrelazan con las de una víctima, el príncipe Hamlet.

El príncipe, aunque tiene razón, debe fingir estar loco para evitar otras acciones negativas de Cladio. Shakespeare hace suyo el esquema "bueno-malo" al derivarlo de sus conexiones culturales y las disputas científicas que lo involucran. Él atribuye el papel del "villano", representado por el Rey Claudio, al astrónomo Tycho Brahe.

Figura 1: Stephen Hawking el día de su primer matrimonio con Jane Wilde, ocurrido en 1963. Poco después, se sintió afectado por la enfermedad que lo obligó a sentarse en una silla de ruedas de por vida.

En cambio, el papel del "bien" es interpretado por el Príncipe Hamlet. En la trama subyacente de Shakespeare, sin embargo, el "bien" es otro astrónomo, Thomas Digges.

Evidentemente, los dos astrónomos apoyaron diferentes teorías y Shakespeare decididamente se alió con una de las dos, a saber, para Digges.

Esto significa que Sakespaere se alió con la tesis copernicana sobre la posición de la Tierra en el universo, apoyada por Digges. Esta tesis se opuso a la apoyada por Brahe, de orientación ptolemaica. La tesis de Copérnico preveía que la Tierra giraba alrededor del Sol, mientras que la Ptolemaica previó, por el contrario, que el Sol giraba alrededor de la Tierra.

Niveles interpretativos del Hamlet de Shakespeare.

Rey Claudio

Nivel narrativo. El fantasma del padre de Hamlet revela que Claudio lo mató para robar el trono y casarse con la reina viuda Gertrude.

Nivel historico Claudio se identifica con Federico II (1534-1588) que fue rey de Danimara y Noruega. Cuando el astrónomo Tycho Brahe se vuelve famoso, Claudio le regala una isla situada cerca del castillo de Elsinore.

Nivel alusivo. El rey Claudio representa la tesis ptolemaica, apoyada por Tycho Brahe. Esta tesis coloca a la Tierra en el centro del universo. Shakespeare no aprueba esta tesis.

Rosencrantz y Guildenstern

Nivel narrativo. Son amigos de Hamlet. Claudio los convoca y les asigna la tarea de investigar la locura de Hamlet.

Nivel historico Dos apellidos prácticamente iguales aparecen entre los antepasados de Tycho Brahe.

Nivel alusivo. Los dos personajes aceptan la tarea de convencer a Hamlet, pero no pueden. Representan una ciencia tradicional que sigue apoyando la tesis de Ptolomeo, pero está a punto de ser suplantada por la tesis de Copérnico.

Reina Gertrudis

Nivel narrativo. Esposa del difunto rey Hamlet. Inmediatamente después de la muerte de su esposo, ella accedió a casarse con Claudio.

Nivel historico Gertrude es la reina Sofía, esposa de Federico II y madre de Cristiano IV.

Nivel alusivo. Probablemente hubo una relación romántica entre Sofía y Tycho. Esto une las tesis ptolemaicas de Tycho aún más al establecimiento prevaleciente en ese período histórico.

Bernardo

Nivel narrativo. En el primer acto de la tragedia, Bernard menciona una estrella que apareció en el cielo y trajo desgracia.

Nivel historico Esa estrella sería la supernova que apareció en los cielos de Europa en 1572 y fue descrita por Tychio Brahe.

Nivel alusivo. La nueva estrella anuncia la desgracia porque coincide con la aparición del fantasma del fallecido rey Hamlet.

Príncipe Hamlet

Nivel narrativo. El fantasma de su padre revela el crimen cometido por Claudio.

Nivel historico El príncipe Hamlet se identifica con el rey Christian IV. Cuando asciende al trono, Christian comienza un juicio contra Tycho Brahe y lo obliga a emigrar a Praga. Cristiano probablemente quiere vengarse de la relación de Tycho con su madre Sofía.

Nivel alusivo. Hamlet representa la tesis apoyada por Thomas Digges. Digges apoya el modelo del universo propuesto por Copérnico. En este modelo, el Sol está en el centro del universo.

Copérnico menosprecia el papel de la Tierra que ya no está en el centro de todo. Pero Hamlet no considera que esta rebaja sea importante. Se siente feliz incluso viviendo en la cáscara de un maní.

Tycho Brahe y la supernova N1572

Tycho Brahe era un joven brillante. En 1572, a la edad de 27 años, ganó fama internacional al describir la explosión de una supernova. Hoy identificamos este evento astronómico con las iniciales N1572 o con el nombre "Eta-Cassiopeiae B", "la supernova de Tycho".

A los ojos de los no iniciados, una supernova se asemeja a una estrella nueva y muy luminosa que aparece repentinamente en el cielo. En la época de Tycho, la aparición de nuevos objetos celestes era motivo de gran preocupación, ya que este fenómeno se interpretaba como un presagio funesto. De hecho, Shakespeare pone este evento justo al comienzo de Hamlet, como si anunciara la tragedia de los eventos que se narran a continuación.

En el primer acto de Hamlet Bernardo, un militar al servicio del rey, llega a las gradas del castillo para darle un cambio de guardia a Francesco. Poco después llegan Marcello y Orazio. Estos cuatro personajes hablan de las apariciones del espectro del rey, que murió dos meses antes. Las apariciones están asociadas con el camino en el cielo de la nueva estrella. Bernardo relata los hechos de esta manera:"

Figura 2 - Retrato de Tycho Brahe rodeado por los escudos de armas de sus antepasados, dos de los cuales llevan los apellidos de Rosenkrantz y Guildenstierne. Estos apellidos son extraordinariamente similares a los de dos personajes que fueron compañeros de Hamlet.

"Last night of all, When yond same star that's westward from the pole. Had made his course t' illume that part of heaven. Where now it burns, Marcellus and myself, The bell then beating one..."

Pero en ese mismo momento, junto con la estrella, también aparece el espectro del rey.

Cuando ocurrió la explosión de supenova en 1572, Shakespeare tenía ocho años. Seguramente el evento lo impresionó mucho y fue relevante en su crecimiento cultural.

Tycho Brahe también observó el fenómeno en la tarde del 11 de noviembre de 1572:

"De repente e inesperadamente vi una estrella desconocida en el cenit, con una luz muy brillante".

La supernova tenía un brillo comparable al del planeta Venus. También fue visible en el cielo durante el día. Tycho describió el fenómeno en un pequeño volumen publicado en 1573 con el título *"De nova stella"*.

La supernova dejó de brillar en 1574 pero, metafóricamente, la buena estrella de Tycho comenzó a brillar desde ese mismo momento. El astrónomo se hizo tan famoso internacionalmente que el rey Federico II (en la tragedia, Claudio) le dio la isla de Hven ubicada cerca de su castillo de Elsinore, a la entrada del estrecho de Øresund. En esta isla, Tycho hizo construir un castillo al que llamó Uranienborg, en honor a la musa de la astronomía, Urania.

La historia termina de una manera poco edificante. Parece que Tycho se ha convertido en el amante de la reina Gertrudis, viuda del rey asesinado. En la realidad histórica, Gertrudis fue la reina Sofía, esposa de Federico II y madre de su sucesor, Cristiano IV.

Obviamente a Cristiano IV no le gustó la relación del astrónomo con su madre. Cuando ascendió al trono, el nuevo rey cambió decisivamente la relación entre la casa real y Tycho y comenzó un proceso judicial en su contra.

Después de esto, en 1597, Tycho abandonó la isla de Hven y emigró a Praga. Tanto el castillo de Uranienborg como el complejo astronómico cercano de Stjerneborg fueron destruidos poco después de la muerte del astrónomo. En la década de 1950, se llevaron a cabo excavaciones arqueológicas en Stjerneborg. Más tarde el sitio fue reconstruido. Actualmente, Uranienborg alberga un museo dedicado a Tycho Brahe y la historia de la isla de Hven.

En cuanto al conocimiento de la supernova, hasta el siglo pasado nadie sabía qué tipo de objeto celeste era. Después de 1952, los astrónomos comenzaron a estudiar las emisiones del cielo en la banda de radiofrecuencia. Esto hizo posible identificar los restos de la supernova de Tycho con el objeto 3C10. Parece que esta supernova fue generada por la explosión de una enana blanca que había cruzado el límite de Chandrasekhar, chupando materia de otra estrella. En 2005, los astronautas también identificaron a la otra estrella del sistema binario y la llamaron Tycho G.

Disputas astronomicas

Not from the stars do I my judgement pluck;
And yet methinks I have Astronomy,
But not to tell of good or evil luck,
Of plagues, of dearths, or seasons' quality;
Nor can I fortune to brief minutes tell,
Pointing to each his thunder, rain and wind,
Or say with princes if it shall go well
By oft predict that I in heaven find:
But from thine eyes my knowledge I derive,
And, constant stars, in them I read such art
As truth and beauty shall together thrive,
If from thyself, to store thou wouldst convert;
Or else of thee this I prognosticate:
Thy end is truth's and beauty's doom and date.
(William Shakespeare, Sonnet XIV)

El sistema ptolemaico.

La disputa en estas páginas se limita al pensamiento de Tycho Brahe y Thomas Digges. Sin embargo, antes de entrar en el tema, es apropiado exponer brevemente la pregunta que dio lugar a la disputa. Los dos tenían diferentes creencias sobre la forma y el funcionamiento del universo. En este sentido, muchas teorías fueron elaboradas a lo largo de la historia humana.

Los griegos fueron los primeros en hacer un modelo del sistema solar. Hiparco, un filósofo que vivió entre el 200 y el 120 aC, estudió cuidadosamente las observaciones y el conocimiento acumulados a lo largo de los siglos por los caldeos de Babilonia. Ipparco utilizó este conocimiento para desarrollar un modelo capaz de explicar el movimiento del Sol y el de la Luna.

En el siglo II dC Se estableció el modelo desarrollado por Claudio Ptolomeo. Ptolomeo era un griego de lengua y cultura helenística. Fue astrólogo, astrónomo y geógrafo. Vivió en Alejandría de Egipto entre 100 y 175 dC. (*figura 3*).

Ptolomeo propuso el llamado modelo ptolemaico o geocéntrico. Según este modelo, el sistema solar es una gran esfera situada en el centro del Universo. La Tierra es plana e inmóvil, y está ubicada en el centro de la esfera celeste. El Sol, la Luna y los otros planetas giran alrededor de la Tierra.

Finalmente, Ptolomeo afirma que el límite del univero consiste en la esfera de estrellas fijas. Según Ptolomeo, el universo está lleno y tiene fronteras, por lo que está limitado en el espacio. El universo de Ptolomeo no es infinito.

En la Edad Media, el modelo de Ptolomeo todavía era aceptado, pero con diferentes interpretaciones. Hubo dos interpretaciones principales.

Una interpretación se llamó "astronomía matemática" y se fundó en la obra principal de Ptolomeo, "*Almagesto*". Esta interpretación fue adecuada para hacer cálculos y pronósticos, pero no fue muy orgánica.

La segunda interpretación, llamada "cosmología física" se basó en el trabajo "*De Caelo*" de Aristóteles. Esta interpretación fue antropocéntrica y fue lógicamente consistente. Desafortunadamente, no pudo explicar algunos fenómenos físicos, por lo que no era consistente a nivel práctico.

Durante la Edad Media, la Iglesia apoyó el sistema ptolemaico a través de la filosofía escolástica. De hecho, este sistema está ilustrado por Dante Alighieri en la *Divina Comedia*.

La revolución copernicana

La revolución copernicana comienza en 1543. En este año, Mikołaj Kopernik publica el "*De revolutionibus orbium coelestium*" (Las revoluciones de los cuerpos celestes).

Mikołaj Kopernik fue un astrónomo polaco, nacido en Torun el 19 de febrero de 1473 y muerto en Frombork el 24 de mayo de 1543 (figura 4).

Su nombre fue italianizado como Niccolò Copernico.

Copérnico reemplazó el sistema geocéntrico de Ptolomeo con un sistema heliocéntrico. Mientras que

Ptolomeo colocó la Tierra en el centro del universo, Copérnico estableció que en el centro estaba el Sol.

Incluso para Copérnico el universo está lleno y tiene fronteras. Pero en el centro de todo está el Sol. La Tierra no está inmóvil, sino que gira alrededor del Sol.

Cabe señalar que la teoría de Copérnico está inspirada en el heliocentrismo de Aristarco, un astrónomo griego que vivió en Samos entre el 310 y el 230 a. aprox. Por lo tanto, Copérnico no fue el primero en sostener la centralidad del Sol. Pero Copérnico fue el primero en demostrar la centralidad del Sol con procedimientos matemáticos.

El libro de Copérnico, "De revolutionibus", inicialmente tuvo una escasa difusión incluso entre los expertos, es decir, en los entornos matemático y astronómico de la época. Alguien juzgó el libro con desprecio. Este sesgo ha continuado hasta hace poco. En 1959, el filósofo Arthur Koestler escribió su obra "I sleepwalkers" en la que habla sobre el libro "De revolutionibus" y lo define "... el libro que nadie ha leído".

Durante muchas décadas, la teoría de Copérnico fue sustancialmente ignorada por el establecimiento del tiempo. Sólo muy pocos cursos universitarios citaron la teoría copernicana junto con la teoría ptolemaica, que se enseñó regularmente.

La Iglesia católica no fue inicialmente hostil: el "De revolutionibus" fue considerado por los astrónomos y matemáticos jesuitas. Estos, sin embargo, decidieron decididamente el sistema "ticonian", desarrollado por Tycho Brahe entre 1587 y 1588.

Sin embargo, debemos reconocer que en 1582, algunos cálculos de Copérnico se usaron en la reforma del calendario gregoriano.

El "De revolutionibus" fue insertado por el Santo Oficio en el "Index librorum prohibitorum" o "Índice de los libros prohibidos". Afortunadamente, esto sucedió unas décadas después de la publicación.

Figura 3: Ptolomeo fue un astrónomo y geógrafo griego que vivió en Alejandría de Egipto entre el 100 y el 175 dC Propuso el llamado sistema tolemaico o geocéntrico.

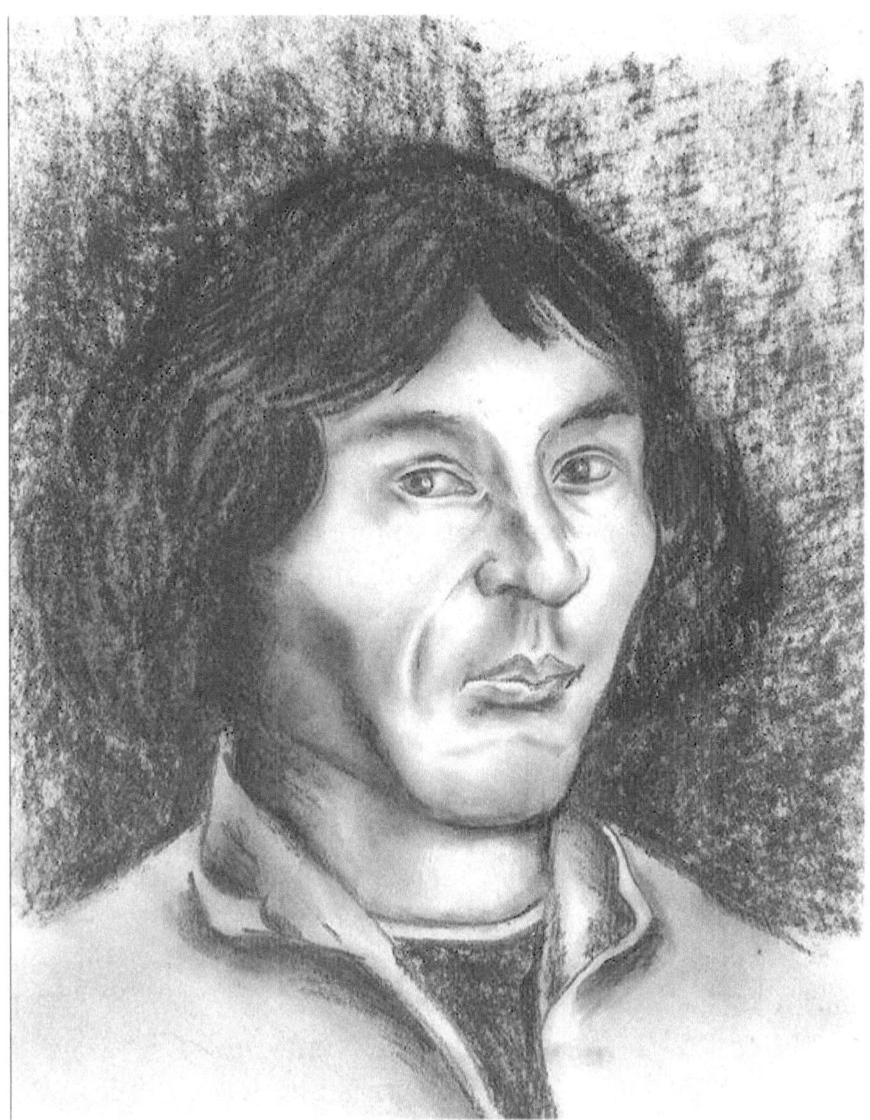

Figura 4: Niccolò Copernico, astrónomo y astrólogo polaco, reemplazó el sistema geocéntrico de Ptolomeo por un sistema heliocéntrico.

Este retraso permitió que la teoría de Copérnico extendiera incluso los entornos culturales religiosos más opuestos a su idea.

La afirmación definitiva de la teoría heliocéntrica se debe a los padres de la astronomía moderna, Galileo Galilei e Isaac Newton. Antes de Galileo, Tycho Brahe había sugerido un compromiso entre el modelo tolemaico y el copernicano al proponer el llamado modelo "ticonian". Según este modelo, todos los planetas giran alrededor del Sol. Sin embargo, el Sol y la Luna giran alrededor de la Tierra. Pero Galileo rechazó esta teoría.

La importancia de Copérnico fue reconocida en Inglaterra antes que en otros lugares, gracias sobre todo a Thomas Digges, quien apoyó al modelo copernicano en su ensayo "A Perfit Description of the Caelestial Orbes".".

Otra contribución fue dada por la publicación del libro de Giordano Bruno "La cena delle ceneri", publicado en 1584 en Londres por John Charlewood.

En la conclusión del "De revolutonibus", Copérnico expone siete puntos que resumen su teoría. Recuerdo a alguien:

- Las órbitas y las esferas celestes no tienen un solo centro.

- El centro de la Tierra no es el centro del Universo.

- Todas las esferas celestes giran alrededor del Sol. Por lo tanto, el centro del Universo está ubicado cerca del Sol.

- La distancia entre la Tierra y la altura del firmamento no hace perceptibles los movimientos de las estrellas fijas.

- Cualquier movimiento que aparezca en el firmamento no depende del firmamento en sí, sino de la Tierra. La tierra gira alrededor de sus polos. El firmamento, sin embargo, permanece inmóvil.

Más adelante, algunos de estos puntos serán especificados más correctamente por Kepler y otros estudios.

Comparado con los modelos cosmológicos anteriores, el modelo copernicano tenía una gran importancia revolucionaria. El filósofo Immanuel Kant acuñó por primera vez el término "revolución copernicana". Este término literario todavía se usa hoy, en sentido figurado, para indicar procesos de inversión de los paradigmas fundamentales de un argumento.

Tycho Brahe y el sistema ticoniano..

Tycho Brahe cultivó su pasión por la astronomía desde la adolescencia. Estudió los textos de la antigüedad, en particular el *"Almagesto"* de Ptolomeo y el *"De revolutionibus"* de Copérnico. Sin embargo, no compartió ninguna de las dos hipótesis sobre la posición de los planetas.

De hecho, el astrónomo danés representa un punto de inflexión entre los conceptos de astronomía antigua y moderna. En 1588, Tycho publicó *"De mundi aetherei recentioribus phaenomenis"* en la que disputaba el sistema ptolemaico según el cual todo gira alrededor de la Tierra. Imagina una situación híbrida, un sistema conocido como "sistema ticoniano". Según este sistema, los planetas giran alrededor del Sol, pero el mismo Sol con los otros planetas gira alrededor de la Tierra. La tierra permanece inmóvil en el centro del cosmos. (*figura 5*)

Brahe disfrutó de gran autoridad, por lo que con su tesis favoreció el abandono del sistema ptolemaico. Al mismo tiempo, su tesis retrasó la afirmación del sistema copernicano.

Tychio había aprendido de Copérnico sobre la idea de los planetas que giraban alrededor del Sol, pero no había encontrado el valor para confirmar el mismo principio también para la Tierra.

Sin embargo, sus estudios fueron de gran ayuda para otro astrónomo, Kepler. Kepler fue el asistente de Tycho durante el exilio en Praga. Intentó convencer a Brahe de que abandonara el sistema ticoniano para adoptar el sistema heliocéntrico, pero sin resultados.

A la muerte de Tycho en 1601, Kepler lo reemplazó en el puesto de Matemático y Astrónomo Imperial, en Praga.

Thomas Digges y el modelo heliocéntrico.

Thomas Digges (*figura 7*), astrónomo y matemático británico, nació en Barnham en 1546, el mismo año que Tycho Brahe. Así, Digges y Brahe fueron contemporáneos. Incluso Shakespeare, nacido en 1564, vivió en el mismo período.

Los antecedentes matemáticos de Digges fueron curados por su padre y uno de los matemáticos más famosos de la época, John Dee. Digges tuvo el mérito de ser el primer partidario inglés de las tesis de Copérnico. (*figura 6*).

En 1572 también Digges, como Brahe, pudo observar la "Stella nova". Publicó el diario de las observaciones de la supernova en 1573, en el trabajo *"Alae sive scalae Mathematica"*. Las observaciones de Digges no fueron cualitativamente inferiores a las de Brahe. De hecho, parece haber sido más preciso al calcular la posición de la supernova.

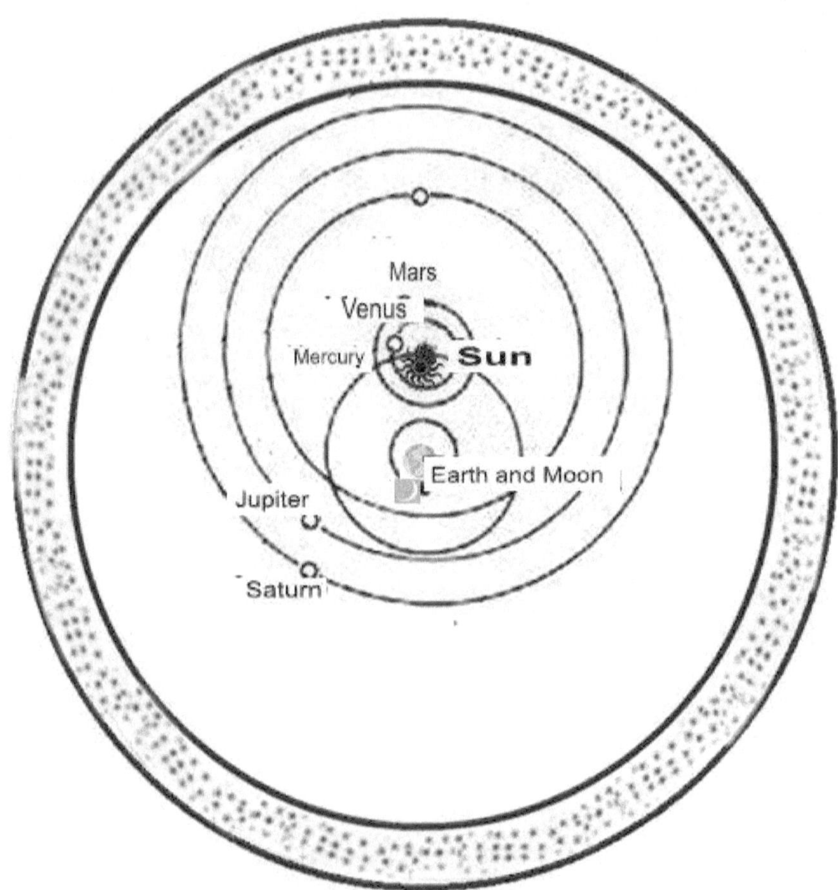

MODELO TYCHO BRAHE
La tierra está en el centro del universo. Los planetas giran alrededor del sol. El sol gira alrededor de la tierra.

Figura 5 - La visión del universo según Tycho Brahe, decididamente inspirada en el modelo ptolemaico. Los planetas giran alrededor del Sol, pero esto gira alrededor de la Tierra, que permanece en el centro de todo.

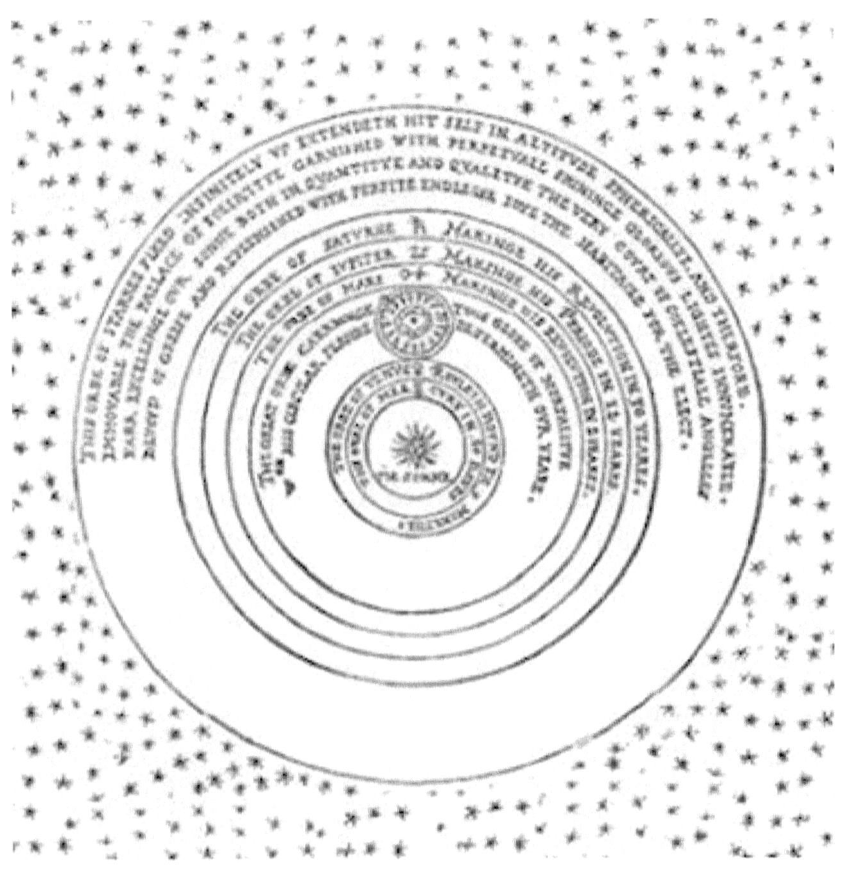

MODELO DE THOMAS DIGGES
El Sol está en el centro del Sistema Solar. Todos los planetas giran alrededor del Sol. La Tierra también gira alrededor del Sol.

Figura 6 - La visión de Digges del universo tiene una orientación decididamente copernicana. El Sol está en el centro del sistema y todos los planetas giran alrededor de él. Al igual que los otros planetas, la Tierra también gira alrededor del Sol, en la tercera órbita.

Digges y Brahe mantuvieron vínculos epistolares, por lo que tuvieron la oportunidad de intercambiar puntos de vista sobre las respectivas visiones del universo. .

Estas visiones fueron decididamente contrastantes. Probablemente, sin embargo, lo que exacerbó la relación entre los dos fue el gran reconocimiento obtenido por Brahe por sus observaciones de la *"Stella Nova"*. Al mismo tiempo, el trabajo de Digges fue prácticamente ignorado.

Por lo tanto, cuando Shakespeare identificó a la persona del astrónomo Tycho en el usurpador Claudio, lo hizo para satisfacer su deseo personal de justicia.

Ciertamente la amistad entre Shalespeare y Digges entró en juego. Según algunos biógrafos, los dos vivían cerca uno del otro. Probablemente entre los dos y entre sus familias había conocimiento y los dos estaban saliendo.

Teniendo en cuenta esto, es posible que Shakespeare asigne los roles de tragedia utilizando un componente de partidismo. Tycho, asume el papel de Claudio, el usurpador. Digges asume el papel de Hamlet, al que han retirado a su padre y su madre.

Pero seguramente la elección de Shakespeare se basó en una convicción más profunda. Creía que la posición de Digges sobre la realidad del universo era más correcta que la de Brahe. Las dudas y los problemas de Hamlet representaron las dificultades de Digges para apoyar su tesis, considerando que Brahe disfrutó de una mayor escucha y consideración.

Entre los diálogos de la tragedia de Shakespeare, el de Hamlet y los dos emisarios enviados por Claudio es relevante. Los dos quieren convencer a Hamlet de que

Dinamarca es un excelente lugar para vivir. Pero el príncipe declara:

"Dinamarca es toda una prisión".

Rosencrantz responde:

"Di eso porque eres ambicioso. Dinamarca es un espacio demasiado pequeño para una mente como la tuya ".

A lo que Hamlet responde:

"O God, I could be bounded in a nutshell and count myself a king of infinite space".

("¡Oh, Dios! Podría vivir en una nuez y aun así considerarme señor del infinito.")

Las posiciones de los dos astrónomos emergen claramente de este diálogo. Tycho cree que todo el universo consiste en la Tierra en su centro, con estrellas que giran a su alrededor. Él hipotetiza un universo limitado y finito en sus dimensiones.

Digges, por el contrario, propone un universo sin límites, donde la Tierra es solo un planeta igual a otros infinitos. En la visión de Digges, el hombre, aunque limitado a un planeta insignificante, puede sentirse dueño de algo mucho más grande, es decir, de un universo infinito.

Para concluir esta excursión en la historia de Hamlet y su autor, podemos resumir los términos del dilema. Obviamente esto fue más allá de la narración explícita. El dilema que angustiaba a Shakespeare estaba relacionado con la esencia del universo. ¿Vive el hombre en un lugar confinado, con límites precisos, o en un lugar infinito en todas direcciones?

Algunos podrían pensar que esta es una disputa del siglo XVI, es decir, algo que ya no importa. Bueno, él está muy equivocado. Esta disputa aún no se ha resuelto.

"De l'infinito, universo e mondi"

El hombre no tiene límites. Cuando se dé cuenta de esto, habrá ganado la libertad en todos los mundos.
(Giordano Bruno, filósofo)

Giordano Bruno, el filósofo de lo infinito.

Entonces, ¿el universo tiene un límite o es infinito? Para profundizar la controversia sobre el tamaño del universo, no podemos ignorar a un personaje que no dudó en participar en la discusión sabiendo que estaba poniendo su vida en juego. Estoy hablando de Giordano Bruno (figura 8). Bruno no era ni un científico ni un astrónomo, por lo que abordó el tema desde un punto de vista completamente diferente. Era un religioso católico de la orden dominicana.

Bruno fue un contemporáneo de todos los otros personajes mencionados anteriormente. Nació en 1548 y murió en 1600. Sin embargo, es poco probable que haya tenido relaciones culturales con los personajes mencionados, porque vivió en diferentes lugares.

Su condición religiosa y los entornos en los que publicó sus ideas no le permitieron disfrutar de la libertad de pensamiento que Copérnico y Digges habían disfrutado.

Bruno enfrentó toda su vida con las ideas de la teología católica. Estas ideas derrotaron definitivamente al filósofo el 17 de febrero de 1600, cuando fue quemado en la estaca de la Piazza Campo dei Fiori en Roma.

El verdadero nombre de Bruno fue Filippo. Había recibido este nombre para honrar al heredero del trono de España, Felipe II.

En cuanto a sus orígenes, Bruno proporciona esta información durante los interrogatorios a los que fue sometido. Reporto la información con el maravilloso lenguaje de 1600 Italia. Es el lenguaje que Bruno usa en la escritura de sus libros y se conserva en las publicaciones hasta hoy:

"Io ho nome Giordano della famiglia di Bruni, della città de Nola vicina a Napoli dodeci miglia, nato ed allevato in quella città, e più precisamente nella contrada di San Giovanni del Cesco, ai piedi del monte Cicala, forse unico figlio del militare, l'alfiere Giovanni, e di Fraulissa Savolina, nell'anno 1548, per quanto ho inteso dalli miei".

(Mi nombre es Giordano y pertenezco a la familia Bruni. Nací en 1548 en Nola, en el distrito de San Giovanni del Cesco, a doce millas de Nápoles, al pie del Monte Cicala. Tal vez soy el único hijo de un miltra ", alférez "Giovanni, y de Fraulissa Savolina. Esto es lo que me contaron sobre mis orígenes).

La filosofía de Bruno se centró en la idea de un universo infinito. El universo tenía que ser infinito como una derivación de un Dios infinito. Por eso este Dios tuvo que recibir amor infinito. El universo estaba compuesto por un número infinito de mundos.

En 1565 Bruno entró en el convento como novicio con los frailes dominicos. A la edad de 18 años, el 16 de junio de 1566, ingresó definitivamente en la orden religiosa. En esa ocasión renunció al nombre de Filippo, tal como lo imponían los preceptos dominicanos, y tomó el nombre de Giordano.

Teniendo en cuenta sus testimonios, entendemos que la razón por la que eligió usar el hábito dominicano no fue el interés en la vida religiosa.

Quería beneficiarse de la riqueza cultural que encontraría en el convento. De hecho, sufrió mucho de la pobreza cultural típica de los entornos populares de la época.

La primera vez que entró en la pequeña habitación de su convento, tiró todas las imágenes de los santos que encontró. Guardaba solo el crucifijo.

En el convento de San Domenico Maggiore no faltaba la posibilidad de basarse en una vasta cultura. Bruno sabía que el convento tenía una biblioteca muy rica. Pero se molestó mucho cuando supo que los libros de Erasmo de Rotterdam estaban prohibidos. No dejó de leerlos. Obtuvo los libros prohibidos y los estudió en secreto.

Así, su educación benefició a autores que a menudo estaban prohibidos para un fraile dominicano. Entre otros, Aristóteles y Tomás de Aquino, pero también Marsilio Ficino, Raimondo Lullo y Nicola Cusano.

Desafortunadamente, su independencia de pensamiento fue demasiado lejos para un fraile, cuando vino a plantear dudas sobre el dogma de la Trinidad.

Fue denunciado ante el Superior Provincial Domenico Vita, quien inició un proceso judicial en su contra por herejía. Bruno salió de Nápoles y se trasladó a Roma. En esta ciudad abandonó el hábito dominicano y reanudó su nombre original de Filippo.

igura 7: Thomas Digges fue el primer partidario inglés de las tesis de Copérnico. El astrónomo polaco, apoyado por Digges, puso la Tierra en movimiento alrededor del Sol.

Figura 8: Contrariamente a la visión de la era, en su obra "De L'infinito" Bruno apoya la infinidad del universo y la existencia de un número infinito de mundos. Fue juzgado por la Inquisición el 17 de febrero de 1600, y más tarde fue quemado en la hoguera de Roma en Campo dei Fiori.

A partir de ese momento, Bruno pasó por innumerables viajes, principalmente en países extranjeros.

Su escape terminó en Venecia. Había ido imprudentemente a esa ciudad a petición del dux Giovanni Mocenigo. Le había atraído con una petición para ser educado. Afirmó que quería estudiar astronomía y el arte de la memorización, en el que Bruno era un experto.

Desafortunadamente Mocenigo era un agente de la Inquisición. El 23 de mayo de 1592 arrestaron a Bruno y lo trasladaron a las prisiones romanas.

Giordano Bruno y su idea del infinito.

Bruno expresa su idea de infinito en varios trabajos, pero el más significativo es *"De L'infinito, universo e mondi"* publicado en Londres en 1584.

Según la teoría dominante de la era en que vivió, el universo era un lugar de dimensiones finitas, con la Tierra en su centro. El Sol y los otros planetas, en cambio, constituían un sistema de esferas que giraban alrededor de la Tierra. En la superficie de la última esfera estaban las estrellas fijas. Estas estrellas eran objetos desconocidos. Nadie conocía los límites de su extensión. Nadie sabía lo que estaba más allá de las estrellas fijas. Pero nadie se molestó en aprender más sobre las estrellas fijas porque esto no habría servido de nada.

Después de todo, incluso hoy en día muy pocas personas se preguntan qué fue antes del Big Bang. Todo lo que puede interesar al hombre está contenido dentro de los límites del tiempo y el espacio. Estas dos dimensiones no existían antes del Big Bang. No tenemos herramientas para representar una realidad sin espacio y tiempo. Por lo tanto, en la época de Bruno, el único objeto digno de interés era la Tierra, especialmente porque representaba el centro de todo.

Contrariamente a esta visión, en su obra *"De L'infinito, universo e mondi"*, Bruno plantea la hipótesis de una realidad diferente, compuesta por un número infinito de mundos. En el *"Primer diálogo"* de esta obra, Bruno sostiene que el universo es infinito, porque Dios, quien lo generó, es infinito.

> "Così si magnifica l'eccellenza de Dio, si manifesta la grandezza dell'imperio suo: non si glorifica in uno, ma in Soli innumerevoli; non in una Terra, in un mondo, ma in ducento mila, dico in infiniti".
>
> *"La grandeza de Dios se manifiesta en su creación. Esto no consiste en un solo planeta Tierra, sino en planetas infinitos como la Tierra. No se manifiesta en un solo Sol, sino en un número infinito de estrellas como el Sol ".*

Anteriormente, Bruno había escrito la ópera "La Cena de le ceneri". Esta obra, publicada en Londres en 1584, es un diálogo filosófico sobre la naturaleza. En este volumen Bruno se refiere a la teoría copernicana. Él propone un universo en el que lo divino es omnipresente y la materia está en constante cambio, pero es eterna.

El universo que Bruno imagina está infinitamente extendido, compuesto de un número infinito de sistemas solares similares a los que conocemos.

Uno de los personajes del libro se llama Filoteo y él es el que expresa las opiniones del autor. Filoteo disputa la idea de Aristóteles sobre un universo finito. Filoteo (Bruno) sostiene que si el universo de Aristóteles es finito, no puede existir. Otro personaje, Fracastorio, confirma la tesis de Filoteo usando una cita en latín:

> *"Nullibi ergo erit mundis. Omne erit en nihilo.*
> *(Así que el mundo no está en ninguna parte.*
> *Todo no es nada, todo es cero).*

Bruno incluyó en la obra *"De l'infinito, universo e mondi"* tres poemas. Aquí cito el último. Esta composición no es un simple ejercicio poético. Los versos son un mensaje profético dirigido a los perseguidores que pondrán fin a su valiente vida:

> "E chi mi impenna, e chi mi scalda il core?
> Chi non mi fa temer fortuna o morte?
> Chi le catene ruppe e quelle porte,
> Onde rari son sciolti ed escon fore?
> L'etadi, gli anni, i mesi, i giorni e l'ore
> Figlie ed armi del tempo, e quella corte
> A cui né ferro, né diamante è forte,
> Assicurato m'han dal suo furore.

Quindi l'ali sicure a l'aria porgo;
Né temo intoppo di cristallo o vetro,
Ma fendo i cieli e a l'infinito m'ergo.
E mentre dal mio globo a gli altri sorgo,
E per l'eterio campo oltre penetro:
Quel ch'altri lungi vede, lascio al tergo".

"Me siento seguro contra cualquier disputa.
Extiendo mis alas y puedo volar con seguridad.
Domino los cielos de la libertad.
Veo mucho más allá de los que me desafían.
Sus visiones son limitadas.
Por eso, mientras vuelo, les muestro sus espaldas ".

Cuestiones de ética

Hay un concepto que corrompe y confunde a todos los demás. No hablo del mal cuyo imperio limitado es la ética;
Hablo del Infinito.
(Jorge Luis Borges, escritor y poeta argentino).

De acuerdo con la filosofía de Giordano Bruno, el universo copernicano en el que vivimos y todos los demás universos infinitos se ubican en un espacio infinito y homogéneo "che chiamar possiamo liberamente vacuo", que está vacío. En esto, el pensamiento de Bruno coincide con el de Tito Lucrezio Caro, expresado en el poema "De rerum natura", escrito en el siglo I a. C.

Lucrecio afirma que el universo está compuesto solo de átomos (en referencia al atomismo de Demócrito). Los átomos se mueven a través del universo entero en una dimensión infinita, es decir, vacío. Entre otras cosas, Lucrecio afirma que incluso el alma del hombre está formada por átomos y que estos, cuando el cuerpo muere, se dispersan para ser reutilizados por la naturaleza.

Otros, en cambio, afirman que el universo es finito, tanto en el tiempo como en el espacio. La teoría del Big Bang, actualmente reconocida como válida, describe un universo inicialmente encerrado en un punto infinitesimal. Después de una explosión gigante, el espacio comienza a expandirse y todavía lo está haciendo. La expansión del espacio tiene un límite preciso, medible en años luz desde el Big Bang. Esto delimita no solo el espacio sino también el tiempo. Una vez que el universo era un punto igual a cero, hoy es una burbuja extendida por miles de millones de años luz. En el futuro, tal vez, ampliará sus fronteras extendiéndose incluso por miles de millones de años luz.

De acuerdo con la teoría del Big Bang, podríamos decir que el universo no es infinito porque tiene un principio y un final tanto en el espacio como en el tiempo.

Por lo tanto, hoy nadie puede decir si el universo es finito o infinito, pero la pregunta no es indiferente en un nivel ético.

Los problemas de un universo infinito.

Seguramente muchos lectores han tenido la oportunidad de comprar productos vendidos y promovidos por organizaciones conocidas como "Comercio justo". (Fair Trade).

El "Comercio Justo" es una forma de comercio internacional que tiene como objetivo garantizar a los productores y trabajadores de los países en desarrollo un tratamiento económico equilibrado que respete sus necesidades de vida.

Teóricamente, si compra una libra de café en una tienda de "Comercio justo", ayuda a una comunidad ubicada en un país de productores pobres. Esta comunidad cultiva, recolecta y comercializa café de forma independiente. De esta manera, los agricultores crecen libres de la explotación de empresas, a menudo multinacionales. Como se sabe, estas grandes empresas a menudo compran productos en el tercer mundo pagando los precios del hambre.

Si compras un artículo de artesanía, un producto alimenticio u otros bienes, das impulso a esta iniciativa y, en última instancia, haces "una buena acción". Contribuyes a aumentar la tasa de altruismo en un mundo a menudo dominado por el mal, el egoísmo y los negocios. Por lo tanto, todos nosotros, ayudando al comercio justo, creemos que estamos incrementando el componente de bondad del universo.

¿Pero estamos realmente seguros?

De hecho, si el universo es finito, es decir, si está contenido en un espacio limitado, el bien y el mal también están presentes en el universo en cantidades finitas. En un universo finito, el bien y el mal son cantidades medibles. Por lo tanto, con nuestra generosidad, realmente aumentamos la cantidad de bienes agregando nuestra gota de agua a un mar que es vasto pero que se puede definir en su inmensidad.

A la inversa, si el universo es infinito, ya contiene una cantidad infinita de bien. Por lo tanto, ninguna buena acción puede aumentarla.

En un universo infinito, cuando compramos una libra de café, muchas otras personas compran cantidades interminables del mismo café en innumerables tiendas de Comercio Justo.

Nuestra compra no aumenta la cantidad total de café que las comunidades productoras infinitas pueden vender. Nuestra compra no tiene influencia en el presupuesto general de los productores de café pobres.

Además, el universo infinito también contendría una cantidad infinita de mal y, en consecuencia, ninguna de nuestras malas acciones podría aumentar el mal del universo. Por lo tanto, haciendo buenas obras, no tendríamos ningún mérito. Pero haciendo malas acciones, ¿de qué seríamos culpables? Ciertamente no seríamos culpables de aumentar el "mal" del mundo.

En verdad, podemos argumentar que la ética considera y valora las acciones individuales en su significado intrínsecamente valioso, y no mide las consecuencias nulas que tendrían en un universo infinito.

No es un gran consuelo. Además, nadie admitirá nunca que podemos matar a una persona, con la excusa de que en un universo infinito hay, sin embargo, copias infinitas.

Si matamos a una persona en un universo infinito, esto no tiene relevancia porque esa persona será asesinada innumerables veces de maneras infinitas.

Desde el punto de vista de cada religión o filosofía, pero también de acuerdo con una lógica común, es absolutamente deseable que el universo esté terminado. Un universo claramente delimitado, incluso si se inserta en un espacio infinito, sería más tranquilizador para todos.

Para concluir, si el cosmos fuera infinito, la posibilidad de vivir en una esquina bien circunscrita, como en una cáscara de nuez, sería ciertamente preferible.

Infinito en un espacio finito.

Imagina un piano. Las llaves comienzan y terminan. Ya sabes que las llaves son 88, no tienes dudas. Las llaves no son infinitas. Eres infinito y con esas teclas puedes reproducir música infinita. Las teclas son 88, pero tú eres infinito.

(Alessandro Baricco, escritor italiano)

Un sueño premonitorio

Hace unos años, al investigar en la web, me topé con un blog de una dama inglesa. Desafortunadamente, no recuerdo exactamente su nombre. Una página del blog me llamó particularmente la atención. En el texto, la señora contó una anécdota que había interesado a su anciana madre, a quien llamaremos a Margaret por conveniencia. Margaret tenía la costumbre de asistir a conferencias impartidas por personajes más o menos conocidos, cualquiera que sea el tema tratado. En los días siguientes a cada conferencia, Margaret transcribió sus impresiones en su diario personal. De este diario la hija había reanudado el episodio que relato a continuación.

En la década de 1960, Margaret tuvo la oportunidad de asistir a una conferencia - conversación. Otros oradores incluyeron a un joven que acababa de graduarse en ciencias naturales y había servido en el Trinity Hall en Cambridge. Su nombre era Stephen Hawking (figura 1).

En ese período, el tema del mayor interés en ese tipo de reuniones fue el origen del universo. Los debates se centraron casi siempre en el Big Bang. De hecho, en el momento esta teoría aún no era aceptada por todos. Al final de la reunión, los oradores se reunieron con el público y Margaret le preguntó al joven Stephen, quien la había impresionado con su capacidad para discutir, cómo había nacido su pasión por la astronomía. Hawking aún era joven y ciertamente no quería decepcionar a su universidad, que había organizado la reunión. Por lo tanto, no le dio a Margaret una respuesta apresurada, pero le contó un episodio de su vida cuando era niño. Como siempre sucedió, el episodio narrado por Hawking fue escrito en el diario de Margaret.

A la edad de cinco o seis años, el pequeño Stephen estuvo presente en una conversación entre sus padres, Frank e Isobel, y un personaje distinguido. Stephen también escuchó la conversación y fue sorprendido por un argumento curioso. El interlocutor desconocido dijo, en cierto punto, que si alguien quería tener éxito en la vida, tendría que revelar algún misterio sin resolver, por ejemplo, la infinidad del universo o la correcta interpretación del Apocalipsis.

Esta declaración impresionó a Stephen. Aunque era muy joven, el fuego sagrado del conocimiento y la ambición de imponerse en la vida ya estaban presentes en él.

Rápidamente descartó la opción de Apocalipsis. Como era un libro sagrado, no habría sabido cómo obtenerlo. Sabía que ni siquiera podía pedirle el libro a su padre, ya que el hombre no estaba interesado en asuntos religiosos.

Por lo tanto, decidió que descubriría el misterio de lo infinito. A partir de ese momento comenzó a escudriñar el cielo cada vez que tenía la oportunidad. El cielo era un gran libro gratis, y podía leerse sin el permiso de nadie.

Muchos años después, una noche, Stephen se durmió meditando sobre el problema del infinito y tuvo un sueño sorprendente. Veía el universo como una rueda gigantesca hecha de fragmentos luminosos, que giraban lentamente sobre sí misma, como un caleidoscopio gigante.

En ese momento, en el sueño, tuvo la clara sensación de haber comprendido lo que era el universo. La verdad estaba ante sus ojos. Había revelado el secreto del universo infinito. Solo tenía que estirar la mano para captar ese misterio y apropiarse de él. Todo estaba muy claro en la mente del joven Hawking, más allá de toda duda.

Desafortunadamente, cuando despertó, se dio cuenta con gran decepción de que la verdad, tan rápidamente comprendida, se le escapó con la misma rapidez.

Ciertamente, una gran rueda giratoria no tiene principio ni final, por lo que puede considerarse infinita. Sin embargo el misterio no se resuelve. Siempre queda el problema de saber qué hay más allá de los límites externos de la rueda.

Stephen se quedó con la amarga sensación de haber encontrado la explicación del universo infinito, pero de haberla perdido inmediatamente después. Esta conciencia lo hizo vivir el resto de su vida con el deseo de recuperar esta verdad.

Podemos aceptar algunas suposiciones. La historia que cuenta Margaret es cierta. La hija de Margaret transcribió correctamente la historia en su blog. Mis recuerdos me permitieron reconstruir la historia correctamente. Estas premisas son ciertas. ¿Por qué no deberían hacerlo? En base a estas premisas, podemos decir que el sueño del joven Stephen fue un episodio de sincronicidad. El sueño era una sincronicidad porque anticipaba una misión confiada a un gran hombre.

Esta sincronicidad involucró e inspiró al joven Stephen. Pudo anticipar el misterio que perseguiría a lo largo de su vida, después de haberlo vislumbrado por un momento. Entre Hawking y el infinito se estableció una relación como la que une a *Narciso y Boccadoro* en la novela de Hermann Hesse del mismo nombre:

"Nuestra tarea no es acercarnos, al igual que el sol y la luna, o el mar y la tierra no se acercan entre sí. Nosotros dos, querido amigo, somos el sol y la luna, somos el mar y la tierra. Nuestra tarea no es transformarnos el uno en el otro. Más bien, nuestro propósito es llegar a conocernos. Debemos aprender a ver y respetar lo que es en el otro. Somos recíprocamente opuestos y complementarios ".

El concepto de la rueda hace posible evaluar el misterio de lo infinito desde un punto de vista insospechado para nuestra forma de pensar. Concebimos el tiempo y el espacio de acuerdo con una representación lineal, como en la parte superior de la figura 9. El tiempo y el espacio han tenido un comienzo y continúan a lo largo de una línea infinitamente larga.

De hecho, puede agregar una unidad a cada número para aumentarla hasta el infinito. De la misma manera, se puede agregar otra línea a cada línea por un número infinito de veces.

En cambio, la representación circular del espacio-tiempo, como puede verse a continuación en la misma figura, nos permite imaginar una secuencia finita pero al mismo tiempo infinita de eventos. Las partes de la rueda están libres de cualquier inicio y cualquier terminación.

La configuración circular del espacio-tiempo también hace posible establecer una conexión entre el sueño recién narrado y algunas interpretaciones filosóficas del infinito.

Figura 9 - Continuo del espacio temporal. Por encima de la representación lineal, donde el espacio-tiempo tiene un comienzo y continúa hasta el infinito. Debajo de la representación circular, donde no es posible identificar el principio o el final. El ciclo circular se repite eternamente.

Figura 10 - Algunos mandalas. Generalmente estas representaciones son de color.

Seguramente Stephen se preguntó durante mucho tiempo acerca de la multitud de objetos de colores giratorios dispuestos en forma circular. Seguramente, al final de sus reflexiones, se dio cuenta de que lo que había soñado era un *mandala*.

El mandala

Hay un signo simbólico presente en prácticamente todas las culturas y en todo momento: en el idioma sánscrito su nombre es "*mandala*", una palabra que se puede traducir como "*círculo*". Hoy en día, "mandala" es el término universalmente extendido para figuras similares a las de la figura 10. También se reproduce un mandala en la portada del libro. En la mayoría de los casos se trata de figuras de colores.

El símbolo del círculo con poderes especiales ya está presente en los albores de la humanidad. El primer mandala conocido es una Rueda del Sol que se remonta al Paleolítico del sur de África. Los círculos de piedra neolíticos, como Stonehenge, son bien conocidos.

Además, incluso el símbolo de la espiral, puramente mandálico, está presente en todas partes. En las representaciones simbólicas de los pueblos neolíticos, la espiral representaba al Sol, la fuente de la vida.

Ciertamente, en la elaboración simbólica del mandala, el hecho de que las formas mandálicas estén presentes en todas partes de la naturaleza ha influido. Esto es particularmente cierto en el campo de la biología. Las formas de flores, árboles y muchos animales recuerdan la forma circular del mandala. Muchas partes de los organismos biológicos, como los ojos, también recuerdan la forma del mandala.

Pero la figura del mandala marca todo el Universo, porque lo encontramos en las galaxias, en la forma y rotación de los planetas, en las órbitas de los cometas y asteroides e incluso en el horizonte de sucesos de los agujeros negros.

Recientemente se realizó una investigación en las universidades de Northwestern, Harvard y Yale, sector de partículas subatómicas.

Equipos de estudio realizaron experimentos para examinar la forma del electrón. La conclusión fue que el electrón es perfectamente redondo. En la declaración final, Gerald Gabrielse, quien coordinó la investigación de las tres universidades, afirma:

> "Nuestra investigación es muy significativa desde un punto de vista científico, porque confirma el modelo estándar de la física de partículas y excluye modelos alternativos.
> Cualquier modelo alternativo habría requerido diferentes enfoques para el estudio de la materia y la antimateria ".

Según el hinduismo y el budismo, en cualquier forma circular es posible ver un mandala. En estas filosofías orientales, el mandala a menudo tiene poderes protectores y es una fuente de curación.

En Occidente, la idea del círculo protector se encuentra en numerosas danzas populares, así como en el círculo de los niños.

Entre las pieles rojas de América, las Ruedas de la medicina están muy extendidas. Estos son círculos de piedra en el centro de los cuales se colocan las personas que buscan curación.

Alce Nero era un chamán o curandero de la tribu Sioux de los Oglala. En una serie de entrevistas recopiladas por dos periodistas, John G. Neihardt y Giuseppe Epes Brown, Alce Nero narra su experiencia y su espiritualidad. En una de estas entrevistas afirma:

> "Todas las cosas hechas por el" Poder del Mundo "se hacen en un círculo. La bóveda del cielo es redonda. La tierra es redonda como una pelota. Todas las estrellas son redondas. El viento, en su apogeo, gira como un vórtice. Las aves hacen sus nidos en forma circular. El Sol, que es redondo, sube y baja a lo largo del círculo del cielo. La luna hace lo mismo. Incluso las estaciones forman un gran ciclo circular en su sucesión ".

Jung y los mandalas

Carl Gustav Jung (figura 11) se dedicó al estudio del mandala durante veinte años. Durante este tiempo escribió cuatro ensayos sobre el tema. En sus memorias Jung dice:

> "Cada mañana dibujaba en una libreta una pequeña figura circular, un Mandala. El diseño trazado tenía que coincidir con mi condición íntima. Poco a poco descubrí lo que realmente es el Mandala. El Mandala representa al Ser, la

personalidad en su totalidad. Un Mandala armónico representa la armonía de la persona, cuando todo está bien ".

El interés de Jung en este símbolo debe ubicarse en el contexto de sus teorías sobre el inconsciente colectivo y sobre los arquetipos.

Según Jung, el hombre tiene una conciencia individual y un inconsciente individual. Sin embargo, más allá de eso, el hombre puede dialogar con el inconsciente colectivo. El inconsciente colectivo es un "contenedor psíquico" externo al hombre. En el inconsciente colectivo están los conocimientos y las experiencias de toda la humanidad, memorizados en forma de "arquetipos". Los arquetipos tienen tres características principales:

- **Los arquetipos son universales**, es decir, son un tesoro de toda la humanidad.
- **Los arquetipos son impersonales**, es decir, son independientes de la conciencia de las personas individuales.
- **Los arquetipos son hereditarios,** es decir, todos pueden usarlos libremente.

Según Jung, la parte inconsciente del hombre se puede examinar de dos maneras:

- **El inconsciente personal** contiene sobre todo los complejos que manejan la intimidad personal de la vida psíquica.
- **El inconsciente colectivo** contiene las representaciones llamadas arquetipos. A menudo estos

arquetipos se manifiestan a través de los sueños. De hecho, los sueños son el mejor lugar donde la narración está libre de la voluntad y la experiencia de quienes sueñan. Nadie puede decidir qué sueño hacer.

En su libro "*Der Mensch und seine Symbole*", Jung afferme:

"El Mandala es el arquetipo del orden interno. La figura circular expresa el hecho de que hay un centro y una periferia. La periferia trata de abarcar todo. El círculo mandálico es el símbolo de la totalidad.

Cuando en la psique del paciente hay un gran desorden y caos, el símbolo mandálico puede aparecer en el sueño, en fantasías o diseños libres. El mandala aparece espontáneamente. En estos casos, el mandala es un arquetipo que compensa el desorden. El mandala puede llevar el pedido o puede mostrar la posibilidad del pedido ... ".

La teoría de Jung sobre el inconsciente colectivo fue desafiada por muchos. Ante las dudas de sus colegas, Jung apoyó su tesis con estos argumentos:

"El hombre ha desarrollado la conciencia lenta y laboriosamente. Fue un proceso que llevó, después de muchos siglos, a la civilización. El comienzo de la civilización se identifica con la invención de la escritura, alrededor del año 4000 aC.

Sin embargo, la evolución de la especie humana no es completa, ya que muchos aspectos del funcionamiento de la mente aún están envueltos en la oscuridad. Lo que llamamos "psique" no se corresponde en absoluto con la conciencia y sus contenidos.

Quien niega la existencia del inconsciente supone que nuestro conocimiento actual de la psique es total. Esta opinión es falsa. Incluso la suposición de que sabemos todo lo que hay que saber sobre el universo es falsa. Nuestra psique es parte de la naturaleza desconocida y los enigmas de la psique son infinitos.

Por lo tanto, es imposible definir tanto la psique como la naturaleza. Solo podemos describir lo poco que entendemos sobre la naturaleza y la psique.

Podemos describir su funcionamiento solo sobre la base de lo poco que sabemos.

En consecuencia, existen considerables fundamentos lógicos para rechazar afirmaciones como aquellas según las cuales "el inconsciente no existe". .

Figura 11: Carl Jung elaboró la teoría del inconsciente colectivo y la de la sincronicidad.

Figura 12: Wolfgang Pauli, físico, premio Nobel de 1945, trabajó extensamente con Carl Jung. Los dos científicos buscaron un método para unificar los roles de la materia y la psique en el universo.

Más allá de eso, hay mucha evidencia acumulada por la investigación médica.

La idea de que una planta o un animal se inventen nos hace reír. Sin embargo, muchos creen que la psique o la mente se inventaron y crearon su propia existencia por sí mismas ".

En realidad, la mente ha desarrollado su fase actual de conciencia de la misma manera que la bellota se convierte en roble. En el mismo nodo, los saurios se han convertido gradualmente en mamíferos. La mente ha continuado desarrollándose durante un período de tiempo muy largo. La mente aún continúa desarrollándose. Como resultado, los seres humanos estamos sujetos tanto a la acción de las fuerzas internas como a la acción de los estímulos externos.

Estas fuerzas brotan de una fuente profunda, que no está constituida por la conciencia. Son fuerzas que no están controladas por la conciencia.

En la mitología primitiva estas fuerzas fueron llamadas "mana", o "espíritus, demonios y deidades". Hoy en día estas fuerzas están activas como siempre lo han estado en el pasado. Si estas fuerzas se ajustan a nuestros deseos, las consideramos como sentimientos o impulsos positivos y nos felicitamos por ser amados por el destino.

Si, en cambio, estas fuerzas se oponen a nosotros, entonces decimos que somos perseguidos por la mala suerte. A veces decimos que algunas personas nos quieren mal. También pensamos que la causa de nuestras desgracias puede ser patológica. Lo único que nos negamos a admitir es que estamos a merced de "fuerzas" que no podemos controlar ...

... No hay diferencia de principio entre el desarrollo orgánico y el psíquico. La psique crea sus propios símbolos, al igual que la planta produce la flor. Cada sueño constituye una prueba de este proceso ".

Según Jung, puede ocurrir que en los sueños haya figuras mandálicas, especialmente durante los períodos de mayor sufrimiento psíquico. Estas figuras están destinadas a establecer un orden interno. La figura del mandala ejerce una acción positiva, porque representa una racionalización, un "reordenamiento" de tensiones.

De hecho, el mandala está compuesto por un centro preciso y contornos confiables. Las señales en su interior se distribuyen de forma geométricamente ordenada.

Los límites del mandala incluyen un área de seguridad donde el soñador está bajo protección mágica. Al abrigo del círculo protector, casi como un nuevo útero, el hombre está a salvo de cualquier ataque externo. En estos límites se siente seguro y recupera la serenidad necesaria para buscar su centro, que es él mismo.

En el centro del mandala, el individuo encuentra la seguridad que había perdido, o incluso la seguridad que ya no creía que poseía.

Una estudiante de Jung, Marie Louise Von Franz, destaca otro aspecto que puede considerarse más importante que la recuperación de la centralidad. Según este erudito, el mandala es un símbolo de "nuevo comienzo" o reinicio. La figura del mandala genera el empuje necesario para dar forma a algo que aún no existe. Por lo tanto, el mandala tiene un poder creativo, gracias al cual es posible imaginar nuevas propuestas y soluciones.

Después de largos estudios, Jung llegó a la conclusión de que el mandala puede considerarse un arquetipo del inconsciente colectivo por las siguientes razones:

- **La frecuencia**, constancia y regularidad con que aparecen estas figuras en las épocas y civilizaciones más diversas.
- **La presencia de un centro** hacia el que se orienta todo el sistema figurativo.

La delineación del mandala generalmente tiene la forma de un círculo, pero también puede ser similar a un polígono o una cruz.

A menudo, la delimitación consiste en motivos ornamentales como, por ejemplo, pétalos de flores.

Por lo tanto, para Jung el mandala tiene las siguientes características:

- **Orden y belleza**. El mandala representa el orden, pero también la estética del universo.
- **Compensación**. El mandala compensa la necesidad de sumergirse en una dimensión que cura y disipa cualquier desorden.
- **Paz** El mandala te permite encontrar una dimensión espiritual serena.

- **Misticismo**. El mandala tiene un sentido místico cuando coloca al hombre en su centro. El hombre en el centro del mandala está ubicado místicamente en el medio entre el cielo y la tierra. En esta posición, el hombre anhela fusionarse en la síntesis de estos dos mundos.

- **Curación**. El mandala libera una fuerza curativa que no depende de la voluntad o la conciencia.

- **Propiedades naturópatas**. Los mandalas son el intento de la naturaleza de intervenir de manera curativa en la psique de los individuos. Son la manifestación de una terapia natural de origen casi místico.

En el mismo libro "El hombre y sus símbolos", Jung dice:

"En tiempos recientes, el hombre civilizado ha adquirido una poderosa fuerza de voluntad que aplica en todas las ocasiones. Él ha aprendido a hacer su trabajo de manera efectiva sin la ayuda de canciones litúrgicas o tambores. Ya no necesita usar el hipnotismo para actuar.

También él puede prescindir de la oración diaria para invocar la ayuda divina. Él puede hacer independientemente lo que quiera, porque logra traducir sus ideas en acción. Él puede hacerlo en completa libertad.

En cambio, el hombre primitivo estaba condicionado en todo momento por miedos, supersticiones y otros obstáculos invisibles. Estos obstáculos se interponían entre el hombre y la acción. Por el contrario, la superstición del hombre moderno está encerrada en el lema "Querer es poder".

Sin embargo, el hombre contemporáneo paga el precio por una grave falta de introspección. El hombre moderno no ve que, a pesar de toda su racionalidad y eficiencia, todavía está dominado por "fuerzas" incontrolables.

Las deidades y los demonios no han desaparecido en absoluto: solo han cambiado sus nombres. Mantienen al hombre en un estado de incesante agitación. Las divinidades y los demonios se manifiestan a través de vagos miedos y complicaciones psicológicas. En consecuencia, el hombre tiene una necesidad insaciable de pastillas, alcohol, tabaco, comida. Las divinidades y los demonios continúan imponiéndoles una pesada carga de neurosis ".

El huevo cósmico

Cuando nada existía todavía, una diosa llamada "Deambulando en amplios espacios" bailaba en el vacío del cosmos. A falta de todo, la diosa no tenía nada que contemplar más que ella misma. Estaba contenta con sus movimientos y se enamoró de su baile. Sus movimientos, al principio lentos y luego cada vez más rápidos, se volvieron frenéticos hasta el punto de generar el viento del Norte, llamado Borea. Este viento, deseando aparearse con la diosa, se convirtió en la serpiente Ofión. A su vez, Ophiion transformó a la diosa en una paloma blanca. En forma de paloma, la diosa generó el fruto de la unión, el "Huevo Cósmico", del cual se originaron todas las cosas.

Esta diosa es recordada por los sumerios como "Paloma Divina". La mitología griega lo recuerda con el nombre de Eurinome.

Esta historia se deriva de los estudios mitológicos de Robert Graves, un poeta y ensayista británico.

Podemos añadir una nota de chisme. En un momento dado, la serpiente Ofión se jactó de que él era el creador de todo. Eso fue suficiente para que la Divina Paloma se sintiera ofendida. Para vengarse, rompió todos los dientes de Ofion con una patada.

Mircea Eliade es un erudito rumano nacido en Bucarest en 1907. Es un académico de vasta cultura. Mircea escribe estas palabras sobre el origen del universo en sus estudios sobre el mundo oriental arcaico:

> "El mito del huevo cosmogónico, atestiguado en la Polinesia, es común a la antigua India, Indonesia, Irán, Grecia, Fenicia, Letonia, Estonia, Finlandia, el pueblo Pangwe de África Occidental. , a Centroamérica y la costa oeste de Sudamérica ".

Desde la antigüedad, las referencias al huevo cósmico se pueden encontrar entre los babilonios y sumerios. Desde Mesopotamia, dos milenios antes de Cristo, la tradición se extendió en la India y el antiguo Egipto. Más tarde, el mito del huevo cósmico también se desarrolló en China, en las regiones celtas europeas y en África.

La historia de Eurinome también se cuenta en las mitologías de los pelasgos. En estas tradiciones, como en muchas otras, el huevo cósmico es un huevo de reptil porque lo deposita la serpiente Ofión, que es probablemente el mítico Basilisco.

Para los celtas, el huevo cósmico, cuyo nombre es Glain, tiene un color rojizo y ha sido colocado en la playa primordial por una serpiente de mar.

En la religión taoísta china, el huevo cósmico se describe en el mito de Pangu. Pangu crea el mundo con la ayuda de la serpiente cornuda Qilin, la tortuga, el Fénix y el dragón.

En Egipto, el huevo cósmico es depositado por el Fénix, una criatura mítica parecida a un pájaro. El Fénix tiene un aliento que genera vida, del cual nace el dios del aire Shu.

Figura 13 - Visión esotérica del huevo cósmico.

Cuando está a punto de morir, el Fénix construye un nido alrededor de sí mismo. En este nido el Fénix genera el fuego que lo consume por completo. Sin embargo, a partir de esta combustión se genera otro huevo, que es cuidado por el Sol hasta que nace nuevamente el Fénix.

En la tribu Bambara africana se dice que al principio de todo había un solo huevo vacío. Este vacío fue llenado por el aliento creativo del Espíritu. Todas las cosas nacieron de aquí.

Una de las tradiciones más interesantes es la que se narra en la religión hindú. Inicialmente, el huevo cósmico o "Hiranyagarbha" flotaba en el océano primordial, envuelto en la oscuridad de la no existencia.

Cuando el huevo eclosionó, Brahmā lo introdujo a la humanidad a través del "Om". Esta sílaba permite la emisión respiratoria, por lo que en el hinduismo representa la respiración vital original.

La parte superior de la cáscara del huevo cósmico está hecha de oro, y de esta parte nace el cielo. En cambio, la mitad inferior del huevo está hecha de plata, y de aquí nace la tierra. Esta creación es cíclica: el Universo se desarrolla a partir del huevo cósmico. Posteriormente, el universo se corrompe hasta que llega a su fin. Del final de un Universo, nace otro Universo, y luego otro. Esta serie de ciclos es la "kalpa".

Estas son solo algunas de las narraciones mitológicas sobre el huevo cósmico.

De hecho, el huevo se presta muy bien para ser considerado el origen de todas las cosas. En primer lugar, no tiene esquinas ni bordes. La forma del huevo es elíptica, sin embargo, la elipse no tiene principio ni final, al igual que el círculo. Por eso el huevo puede representar algo que siempre ha existido y dura para siempre. El huevo es un símbolo de fertilidad y puede considerarse la semilla primordial, el primer embrión que emerge del caos para generar todo lo que existe.

Un dicho latino dice "Omne vivum ex ovo", es decir: "todo lo que vive proviene de un huevo".

En la religiosidad egipcia, el huevo representaba al cosmos, porque contenía los cuatro elementos cósmicos. La cáscara representaba la tierra, la yema roja representaba el fuego, la albúmina transparente representaba el agua. En cambio, el cuarto elemento, que es el aire, estaba representado por el entorno que rodea al huevo.

Una maravillosa interpretación gráfica del huevo cósmico ha encontrado concretización en la idea matemática del cero. El cero es el arquetipo femenino primordial del que descienden todos los números. Esto sucede porque el Cero es fertilizado por el Uno.

Al igual que el huevo clásico, el cero representa "una nada que produce algo vivo".

En la visión alquímica, el huevo es un arquetipo que puede devolver a cada elemento a su condición original de pureza.

Como ya se mencionó, los egipcios asociaron los cuatro elementos (tierra, fuego, agua y aire) con cuatro partes del huevo. En cambio, los alquimistas asociaron las tres partes más obvias del huevo con tres ingredientes alquímicos esenciales. La cáscara se asoció con sal, la albúmina se asoció con almercium y la yema se asoció con azufre.

Según los maestros alquimistas, estos tres elementos, combinados en las dosis correctas, podrían llevar a la creación de la Piedra Filosofal, es decir, a la finalización de la "Gran Obra". La piedra filosofal podría transformar los metales menos nobles en oro.

En los mandalas, el huevo aparece como el símbolo alquímico del "Todo".

En cuanto a nuestra vida diaria, podemos ver que el simbolismo del huevo primordial, que genera vida, todavía está contenido en la tradición del Huevo de Pascua. En la tradición cristiana actual simboliza la resurrección de Jesús del sepulcro. El sepulcro, similar al nido del Fénix, es el lugar donde Cristo renace, el origen y la salvación de todo el universo.

Sin embargo, en efecto, el regalo del huevo es mucho más antiguo e incluso se remonta a los persas, entre los cuales la tradición de intercambiar huevos de gallina simples a principios de la primavera estaba muy extendida. El huevo representó un deseo de fertilidad y abundancia para las cosechas de verano y otoño. Obviamente, esos cultivos eran vitales para las comunidades basadas en la agricultura.

El huevo cósmico y la física actual.

Según lo que se ha dicho, parece que el huevo cósmico está confinado a historias mitológicas o alquímicas.

Sin embargo, en las últimas décadas, la idea del huevo cósmico también ha infectado el mundo de la astrofísica. Esto ha sucedido especialmente desde que la ciencia comenzó a evaluar el tema de una singularidad primordial. Desde esta singularidad, a través de la gran explosión del Big bang, se habría generado todo el Universo.

De hecho, la concepción astronómica actual configura un universo en expansión. Esta teoría se deriva de las observaciones de Edwin Hubble y, posteriormente, de la teoría general de la relatividad de Albert Einstein.

Si viajamos de regreso a través de la expansión del universo, convirtiéndolo en una contracción, el universo se vuelve más y más pequeño. En algún momento llegamos a una dimensión tan pequeña y densa que no se puede describir con ningún término físico, y por lo tanto se llama "singularidad".

Pocos conocen un aspecto que generalmente se pasa por alto en la biografía de Erwin Schrödinger, un científico austriaco que ganó el Premio Nobel de Física en 1933. Schrödinger ha desarrollado una serie de resultados fundamentales en el campo de la teoría cuántica. Él es conocido por el público en general por su experimento llamado "paradoja de gato".

Más allá del rigor científico de sus estudios, Schrödinger ha estado interesado durante toda su vida en el hinduismo y la filosofía Vedanta.

En este contexto, ha expresado repetidamente su posición filosófica. Según Schrödinger, es posible que la conciencia individual sea solo la manifestación de una conciencia global y unitaria que impregna el universo.

No es sorprendente, por lo tanto, que Schrödinger quisiera aplicar el concepto del huevo cósmico a sus estudios en mecánica cuántica, vinculándolo con el de un universo en expansión nacido de una "singularidad".

El encuentro entre Jung y Pauli.

Carl Jung estudió el fenómeno de las "extrañas coincidencias" durante mucho tiempo, y luego las atribuyó con un carácter "numinoso", es decir, divino.

Precisamente por una de esas extrañas coincidencias, en enero de 1932, Jung recibió, en su estudio de Zurich, la visita de un personaje que marcaría el resto de su vida.

El visitante fue Wolfgang Pauli (figura 12), un profesor austriaco que enseñó Física Teórica en el Instituto Federal de Tecnología de la misma ciudad. Pauli había decidido recurrir a Jung en busca de asistencia psicológica porque había sido víctima de una serie de adversidades pesadas.

En noviembre de 1927, Berta Camilla Schütz, la madre de Pauli, se suicidó. Tenía solo 49 años y había sido una escritora y feminista comprometida con el socialismo.

Al año siguiente, el padre de Pauli se volvió a casar con Maria Rottler. Wolfgang no había aceptado este segundo matrimonio, porque María era una joven de su edad.

Además, en diciembre de 1929, Wolfgang se casó con Käthe Margarethe Deppner, una bailarina profesional. De esta manera, pensó en encontrar un alojamiento en el nivel de los sentimientos. Desafortunadamente, el matrimonio se había equivocado inmediatamente y los dos se divorciaron, después de menos de un año, en noviembre de 1930.

Todas estas circunstancias habían creado considerables trastornos psicológicos en el joven profesor. A pesar de su prestigiosa posición académica, Pauli bebió demasiado alcohol y pasó las noches en lugares públicos.

Desafortunadamente, molestó a los otros clientes y fue contencioso, por lo que a menudo los gerentes de las instalaciones se vieron obligados a expulsarlo.

Pauli se dirigió a Jung, porque la configuración racional de su psique, típica de un científico como él, le hizo comprender, en momentos de lucidez, la magnitud del desequilibrio que estaba experimentando. Más tarde habría llamado a ese período "la gran neurosis".

Jung describe la reunión con Pauli en su diario:

"Tuve el caso de un profesor universitario, un intelectual muy mono-orientado. El inconsciente de este cliente está molesto y muy activo. Se proyecta en otros hombres a los que ve como enemigos, y se siente terriblemente solo, porque cree que todos están en contra de él ".

Sin embargo, Jung reconoció en Pauli, desde el primer encuentro, una capacidad intelectual formidable y una gran preparación científica en su profesión, que se encuentra en la rama de la física.

Desde el principio, Jung deseaba establecer un diálogo con Pauli en el nivel de la ciencia, en lugar de en un nivel terapéutico. Por esta razón, el psicólogo consideró correcto confiar la atención del paciente a uno de sus colaboradores más calificados, la Dra. Erna Rosenbaum. Esto le permitió cuidar al paciente tratándolo como un amigo, sin desempeñar el papel de terapeuta.

Habló con Pauli en todas esas circunstancias que podrían tener algo que ver con sus intereses científicos.

Más de 1500 de los sueños de Pauli fueron registrados y analizados durante el período de terapia. Jung usó muchos de estos sueños durante sus estudios, no como terapeuta sino como científico.

En última instancia, el camino psicoanalítico produjo muchos beneficios en Pauli. Pero fue sobre todo el comienzo de una colaboración basada en un intercambio recíproco de experiencias entre dos mentes iluminadas.

En particular, los dos investigaron los posibles vínculos entre los estudios psicoanalíticos de Jung y la física cuántica, una ciencia de la cual Pauli fue uno de los padres fundadores (recibió el Premio Nobel en 1945). Pauli estaba especialmente interesado en los contenidos de la teoría de la sincronicidad, que Jung estaba desarrollando en esos años.

De hecho, los dos sintieron una conexión profunda entre el comportamiento de las partículas elementales y muchos fenómenos inherentes a la teoría de la sincronicidad.

Las partículas estudiadas por Pauli parecían manifestar una inteligencia con características psíquicas, es decir, no mecanicistas. Estos eran comportamientos independientes de la materia y de las leyes deterministas de la física tradicional.

De 1932 a 1957, Jung y Pauli mantuvieron contactos constantemente. En 1940, tras el estallido de la Segunda Guerra Mundial, Pauli emigró a los Estados Unidos, donde se convirtió en profesor de Física Teórica en Princeton. A partir de ese momento, los contactos continuaron a través del intercambio de cartas.

El diagrama psíquico de Pauli y Jung.

Entre junio y diciembre de 1950, Jung y Pauli, en su correspondencia, completaron la elaboración de un "cuaternario". El objetivo era representar una realidad cósmica en la que la materia y la psique se reconciliaran en un diseño colaborativo común.

Es interesante reconstruir la evolución del pensamiento de los dos científicos. La elaboración del "cuaternario" se realizó mediante propuestas y posteriores ajustes.

Todas las citas siguientes están tomadas de la colección de las cartas de Jung y Pauli. La colección completa se publica en el volumen "*Jung e Pauli. Il carteggio originale: l'incontro tra psiche e materia* " fue editada por Eva Pattis Zoja y Carla Stroppa para la editorial Moretti e Vitali.

En una carta enviada por Kusnacht el 20 de junio de 1950, Jung le comunica casualmente a Pauli algunas ideas sobre los sueños que estaba estudiando. Al final de sus elaboraciones, Jung dibuja una representación esquemática que se refiere a uno de los sueños: (*ver D-1*)

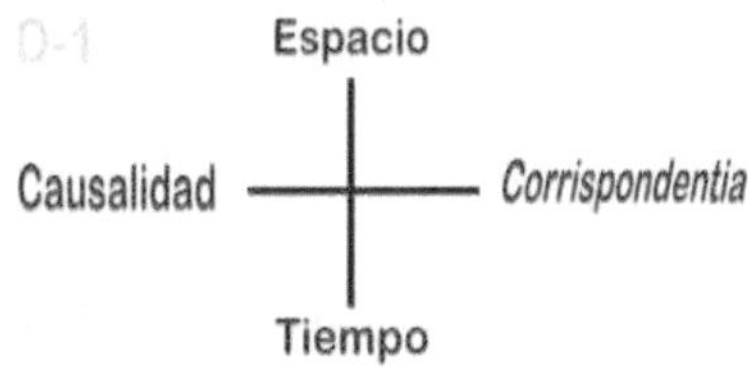

Probablemente Jung trazó este patrón solo para comentar un sueño. No imaginó que Pauli hubiera aprovechado la oportunidad utilizando el mismo esquema, que definió como "cuaternario", según un concepto mucho más amplio.

De hecho, en ese momento Pauli estaba buscando la respuesta a una pregunta que no pudo resolver. Pauli solicitó la opinión de Jung en una carta enviada por Zollikon-Zurich el 24 de noviembre de 1950:

> "... Esto me lleva a la pregunta cuya discusión constituye una parte importante de esta carta.
>
> ¿Cómo se relacionan los hechos que constituyen la física cuántica moderna con los fenómenos vinculados al nuevo principio de sincronicidad? En primer lugar, es cierto que ambos tipos de fenómenos van más allá de los límites del determinismo "clásico" ... Para mí esta pregunta es de particular importancia. Como mis estudios son sobre física, llevo un año discutiendo y reflexionando sobre esto ".

La pregunta está dirigida a Jung, pero probablemente Pauli ya tenía una respuesta en mente. De hecho, después de unas pocas líneas, Pauli retoma el tema del cuaternario:

> "Para enfatizar la diferencia entre la microfísica y otros casos en los que está involucrado el psíquico, en 1948 publiqué un ensayo sobre el Hintergrundpsyche. En el artículo propuse un esquema cuaternario en el

que los dos casos deben corresponder a diferentes pares de opuestos. El primer par de opuestos: (ver D-2) pertenece a la física:

En cambio, otra pareja: (*ver D-3*) pertenece a la psicología:

Por supuesto, no puedo decir que esta cuaternidad sea adecuada para la teoría de la sincronicidad.

Sin embargo, mi esquema tiene la ventaja de que el espacio y el tiempo no se ponen en oposición unos con otros.

La oposición entre el tiempo y el espacio es una solución que repele particularmente a cualquier físico moderno.

Por lo tanto, en mi papel de físico, el contraste entre el espacio y el tiempo expresado en su esquema me parece poco aceptable.

En primer lugar, el espacio y el tiempo no forman un verdadero par de opuestos, ya que el espacio y el tiempo pueden aplicarse simultáneamente a los fenómenos.

En segundo lugar, recuerdo que usted mismo produjo, en otros casos, formulaciones a favor de la identidad esencial entre el espacio y el tiempo ".

Pauli no duda en someter el pensamiento de su médico y psicólogo a los principios y metodologías científicas más rigurosas. Sin embargo, Pauli desea continuar la discusión de manera constructiva, por lo que formula una propuesta de compromiso:

"... Por lo que sugeriría la siguiente propuesta de compromiso para un esquema cuaternario. El esquema que propongo evita la superposición de tiempo y espacio. Creo que esta solución puede combinar las ventajas de nuestros dos esquemas: (*ver D-4*)

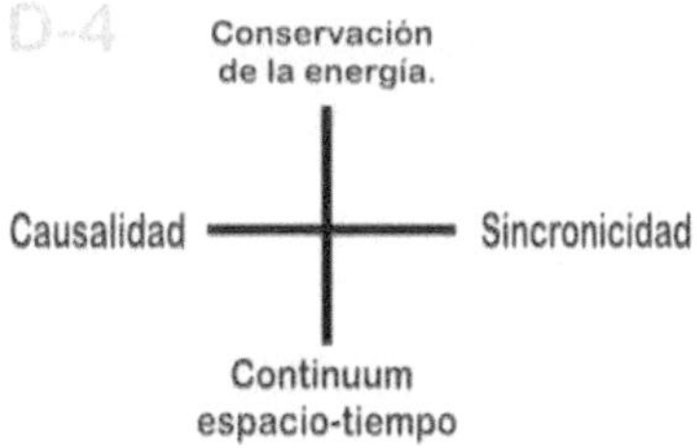

Jung respondió con una carta enviada por Bolligen el 30 de noviembre de 1950. Formuló varios argumentos sobre la separación del tiempo y el espacio, desde el punto de vista psicológico:

"... Espacio y tiempo son conceptos intuitivos, por lo tanto, en una imagen del mundo intuitivo, están eternamente separados y son contrarios. En mi esquema tomo en consideración los criterios psicológicos. En estos casos se trata de conceptos intuitivos-perceptivos y no abstractos ".

Pero Jung concluye de esta manera:

"Su propuesta de compromiso es muy bienvenida, porque hace el brillante intento de trascender la intuición.
Su propuesta completa la visión intuitiva del mundo a través de lo que está muy adentro ".

Sin embargo, Jung sugiere modificar la "aleatoriedad" y la "sincronicidad". Jung así motiva su propuesta:

"Mi esquema parece formular satisfactoriamente el mundo intuitivo de la conciencia. Este esquema satisface por un lado los postulados de la física moderna y por otro los de la psicología del inconsciente ". (*ver D-5*)

La respuesta de Pauli vino una vez más de Zollikon (Zurich) el 12 de diciembre del mismo año. Pauli concluyó la carta de esta manera:

"No tengo ninguna duda. La nueva formulación del "cuaternario de la imagen del mundo" que me envió es realmente la expresión más apropiada. Además, esta formulación corresponde casi por completo a mis deseos anteriores ".

La versión final de lo que generalmente se llama "diagrama psicofísico de Pauli-Jung" adquiere el aspecto simplificado que reproduzco a continuación (*ver D-6*). Hoy el diagrama es citado casi en todas partes en los estudios de psicología.

En el brazo izquierdo-derecho del diagrama, la causalidad, o determinismo, se equilibra con la sincronicidad. De esta manera, los autores esperan una colaboración entre la física mecanicista y el principio de sincronicidad. De acuerdo con la física mecanicista (causalidad), cada evento está conectado a la causa que lo produce. En cambio, el sincronismo se refiere a eventos que están absolutamente desconectados entre sí. Pero estos eventos (coincidencias) se vuelven coherentes cuando el protagonista les da significado. El plano horizontal del diagrama equilibra estas dos visiones opuestas.

El brazo vertical representa, arriba, el mundo de la psique, que está equilibrado con el mundo de la física clásica, situado en la parte inferior.

El mundo de la psique es el de la no localidad, donde el tiempo y el espacio no existen. En cambio, el mundo de la física clásica está dominado por las cuatro dimensiones conocidas, tres espaciales y una temporal.

Hablemos mas de mandala

Muchos lectores no habrán pasado por alto el hecho de que el diagrama psicofísico de Pauli-Jung puede compararse con un mandala. De hecho, los cuatro brazos simétricos pueden encerrarse en un borde cuadrado o redondo.

Precisamente por este motivo, en la figura 18 presento una representación mandálica del diagrama psicofísico de Pauli - Jung. Como todo no tendría sentido si no se aplicara al hombre, en el centro del mandala inserté el icono del Hombre de Vitruvio.

El icono central no quiere representar solo al habitante del planeta Tierra, sino a toda forma de inteligencia presente en el universo. De hecho, el mandala de Pauli-Jung es un símbolo universal.

Lo infinito en lo finito.

Consideremos todavía el gran genio de la literatura que fue Shakespeare.

Aunque ya era popular en la vida, se hizo inmensamente famoso después de su muerte. Sus obras fueron magnificadas por muchas personalidades influyentes y se convirtieron en objetos de estudio y representación. Actualmente, Shakespeare es considerado uno de los escritores más importantes en inglés y el dramaturgo más eminente de la cultura occidental.

Gracias a su celebridad, Shakespeare recibió muchos homenajes también en las artes expresivas.

Figura 9: la apariencia de Shakespeare y sus obras han sido inmortalizadas en papel, en mármol y en las diversas formas representativas de pensamiento.

En la figura 14 podemos ver algunos ejemplos de su imagen y su pensamiento reproducidos en varias formas artísticas.

En la parte superior izquierda se puede ver un retrato de Martin Droeshout, un grabador inglés que se hizo famoso precisamente por haber creado esta obra.

El retrato de Droeshout se convirtió en la ilustración decorativa de la portada del "First Folio", la primera colección de las obras completas de Shakespeare, y se publicó en 1623.

Por supuesto que ves el retrato de Droeshout reproducido en papel, que está en la página de este libro.

En realidad, es posible que vea la imagen reproducida en muchos otros tipos de medios, por ejemplo, en tela o cerámica.

Pero consideremos el ejemplo del papel. Una hoja blanca ha sido impresa con cualquier técnica a su gusto. Así podrás ver la imagen reproducida en la hoja. Antes de imprimir, la superficie de la hoja era blanca. Ahora, después de imprimir, la superficie de la hoja está ocupada por la imagen de Shakespeare.

¿Debemos creer que esta fue la única imagen imprimible en la hoja? Absolutamente no: cualquier otra imagen podría haber sido impresa en la misma hoja. Para ser precisos, se podría haber impreso un número infinito de imágenes en la misma hoja. Por ejemplo, todas las pinturas famosas de todas las edades, Primavera de Botticelli, Guernica de Picasso o Marylin de Andy Warhol; todos los corazones tallados en los árboles por los amantes, todos los dibujos inciertos de niños en los escritorios escolares, todos los garabatos que millones de hombres trazan al contestar el teléfono, todas las pinturas "naïf" pintadas por el mono "No-ja" o por otros animales , y todas las geometrías surrealistas pintadas por la naturaleza, como las nubes en el cielo, el curso sinuoso de los ríos, las hojas amarillentas o las huellas de los cangrejos que corren a lo largo de la arena persiguiendo la ola que los llevó a la playa.

Todo esto, e infinitamente más, podría encontrar un lugar en esa hoja. Por lo tanto, la simple hoja blanca es una "matriz" en la que podemos imprimir todo el universo.

Desafortunadamente es una matriz unidimensional. Después de la multiplicación de las superposiciones, la matriz al principio se confundiría, luego sería incomprensible y, finalmente, completamente negra.

En la misma figura 14, arriba a la derecha, podemos ver una estatua de Shakespeare esculpida por Giovanni Fontana, un artista nacido en Carrara, Italia, en 1820. En 1874, la estatua de Fontana se colocó en el centro de los jardines de Leicester Square en Londres. El boceto de esta estatua de mármol fue tomado de un monumento dedicado a Shakespeare por el escultor flamenco Peter Scheemakers. Este monumento original fue erigido en 1740 y está ubicado en la esquina de los poetas en la Abadía de Westminster.

Regresemos a la estatua de Fontana, reproducida en la figura 14. El mármol es una matriz tridimensional. Si imaginamos un solo bloque de mármol, tanto la estatua de Giovanni Fontana como la de Peter Scheemakers podrían haberse originado en este bloque.

De hecho, a partir del hipotético bloque de mármol que imaginamos, todas las estatuas del mundo podrían haberse originado, desde la Piedad de Miguel Ángel hasta cualquier escultura de arte moderno. Cada bloque de mármol puede contener todas las Venus paleolíticas que se encuentran en varios lugares europeos, como la Dama de Brassempouy en Francia, o las que no tienen un nombre encontrado en las excavaciones de Balzi Rossi en Ventimiglia. El mismo bloque de mármol puede contener las estatuas de todas las diosas y dioses de todos los tiempos, las capitales de cada columna, los pisos de cada edificio, la Victoria de Nike, Amore y Psyche de Canova o The Kiss de Auguste Rodin, el " Biancone "de la Piazza della Signoria en Florencia o el velado Cristo de la Capilla de Sansevero en Nápoles.

De hecho, cada bloque de mármol es una matriz que potencialmente contiene todas las estatuas del universo. Mientras el bloque permanezca intacto, contiene un número infinito de estatuas, cada una místicamente delineada en la estructura de su materia y potencialmente lista para emerger.

Delante de cada hoja blanca o de cada bloque de mármol, el artista ve e imagina su proyecto, escogiéndolo entre los infinitos proyectos posibles, y lo realiza. Desafortunadamente, la obra del artista daña la matriz y excluye la posibilidad de crear una obra diferente.

Sin embargo, cuando un artista comienza a grabar la piedra, cada astillas de mármol que se separa del bloque continúa conteniendo estatuas potencialmente infinitas. De manera similar, si una hoja de papel está fragmentada, cada fragmento puede contener imágenes infinitas.

Abajo a la izquierda, en la figura 14, podemos ver la portada del volumen "Hamlet", que es probablemente la obra más famosa de Shakespeare.

El dibujo muestra un libro, pero el trabajo no proviene del libro. La matriz del trabajo es otra. El libro es solo un vehículo útil para representar el fruto de una creación de la imaginación del autor. Por lo tanto, en el caso de la tragedia de Hamlet, la matriz no es el libro, sino la mente de Shakespeare, su pensamiento.

El pensamiento es una matriz en la que pueden existir obras infinitas sin que una obstaculice a la otra. Mientras Shakespeare meditaba en la realización de Hamlet al mismo tiempo, en su pensamiento existían todas las obras escritas por él, y naturalmente también las que no estaban escritas, las que acababan de esbozar o las que se imaginaban en el resplandor de un solo instante o en el frágil fragmento de un sueño confuso. .

La mente de Shakespeare podría contener pensamientos infinitos y su pensamiento podría crear historias interminables. Ninguna historia fue borrada cuando surgió otra. Todas las historias permanecieron vivas y presentes, esperando su momento.

El pensamiento de Shakespeare, pero también el pensamiento de cada hombre, no es bidimensional o tridimensional, sino que tiene dimensiones infinitas. Gracias a esto, el pensamiento puede contener infinitas sugerencias, ideas e historias, sin que ninguna de ellas dañe a las demás.

En la figura 14, abajo a la derecha, el escultor resaltó una frase de Shakespeare tomada de la Duodécima Noche (Twelfth Night), Ley IV, Escena II.

La inscripción, que no necesita comentarios, es "There is no darkness but ignorance", y puede traducirse como "No hay otra oscuridad que no sea la ignorancia".

En este caso, solo se destaca una parte extremadamente pequeña del pensamiento de Shakespeare. Sin embargo, esta breve cita no tiene menos dignidad que otras obras consideradas en su totalidad. . Esto confirma que el pensamiento puede crear y contener al mismo tiempo infinitas obras, o incluso pequeños fragmentos de las mismas obras. Estos son fragmentos que pueden emerger y manifestarse solo por un breve momento. Después de estas breves apariciones, las ideas permanecen ocultas, pueden ser olvidadas pero nunca mueren.

El pensamiento de un hombre es una matriz limitada, absolutamente personal, confinada en la mente de una sola persona. Sin embargo, el pensamiento es una matriz que en realidad puede contener todo el infinito al mismo tiempo.

El pensamiento es un "finito" que contiene el infinito.

Si queremos imaginar un universo "finito" no podemos ignorar el concepto de infinito, también porque no sabemos cómo dar respuestas lógicas a los problemas que surgen.

Establecer que una cosa está "terminada" significa poder establecer un límite, más allá del cual la cosa ya no existe.

Bueno, sin embargo, más allá de esta frontera, ¿qué hay? Algunos podrían decir "vacío", "nada". Estas no son respuestas satisfactorias. De hecho, incluso el vacío y la nada son "algo", existen como tales. Existen porque nosotros mismos invocamos su existencia. Por lo tanto, más allá de la primera "nada", deberíamos imaginar una segunda "nada", y luego una tercera, hasta el infinito.

Si queremos tomar una demostración práctica como ejemplo, es suficiente referirnos al número más alto que podamos imaginar. Si el universo fuera finito, terminaría en ese número. Y, sin embargo, todos podrán sumar 1 a ese número, moviendo el final del universo un poco más lejos. Pero entonces todavía será posible agregar otra unidad, y luego otra, prácticamente ... hasta el infinito.

Continuando añadiendo unidad a nuestro número, mostramos que el universo no tiene límites, por lo que es infinito.

Por otro lado, podemos imaginar el pensamiento de una persona. Este pensamiento ha terminado definitivamente, porque sus límites se encuentran en la mente de la misma persona. Por supuesto, al vivir, esta persona continúa agregando nociones, conocimientos e ideas a su pensamiento. ¿Crees que alguien, en algún momento, podría decirle: "Basta, no puedes agregar otras nociones, su pensamiento está completo"?

No, en cualquier caso, todavía habría espacio en su mente para agregar el alfabeto Bushman, un ensayo sobre el florecimiento temprano de las violetas, la imagen de una aurora boreal, el sonido de un coco cayendo al suelo, y así hasta el infinito.

Incluso nuestra mente es como el de Shakespeare. Aunque está "terminado" puede contener el infinito. Probablemente nuestra mente física, que está en nuestro cerebro, puede considerarse similar a una hoja de papel o un bloque de mármol.

En teoría, nuestro cerebro físico puede mover físicamente algunas ideas a áreas remotas, por lo que decimos que puede "olvidar". Pero nuestra mente no olvida nada. . Nuestra mente siempre podrá dar vida a cada elemento del pensamiento, incluso si se ha olvidado o eliminado. Nuestra mente siempre podrá variar entre ideas infinitas, incluso aquellas que no son pensamiento.

No es necesario razonar o elaborar fórmulas para probar esta verdad. Es muy simple Usted "lo sabe".

Pensamiento cósmico

Si queremos conectar las consideraciones que acabamos de hacer al universo en el que vivimos, podemos comenzar por imaginar un objeto "finito", por ejemplo una cáscara de nuez. Colocamos este objeto en el marco de un Pensamiento cósmico infinito.

Figura 15 - El pensamiento cósmico representado en una visión metafísica. Es un lugar infinito en el que se generan universos infinitos. Cada universo es finito, y es independiente de los demás. De la misma manera, un nogal infinito genera un número infinito de nueces, cada una independiente de la otra.

Al igual que el pensamiento de Shakespeare fue capaz de crear infinitas obras, cada Pensamiento cósmico independiente y realmente existente puede generar un número infinito de universos. Imagina un nogal infinito.

Este árbol puede producir un número inacabado de cáscaras de nueces. Cada caparazón ocupa su espacio finito sin ser consciente de la existencia de otros.

La Figura 15 muestra el Pensamiento Cósmico en forma de nogal que genera nueces sin fin. Cada fruto de nuez contiene un universo diferente. De cada nuez puede nacer un nuevo árbol, es decir, un nuevo Pensamiento cósmico infinito que genera universos infinitos.

Esto no es importante para nosotros ya que, incluso si fuera cierto, nunca tendríamos la prueba y nunca sufriríamos ninguna consecuencia. Incluso en el caso del viaje en el tiempo y el espacio, los lugares a los que se puede llegar estarían limitados a nuestro Universo.

La teoría del multiverso.

"Uno de los padres de la física cuántica, Hugh Everett, argumentó que una partícula subatómica puede moverse simultáneamente hacia la derecha y hacia la izquierda. El observador selecciona una de las dos posibilidades. Sin embargo, la otra continúa existiendo en otros lugares, es decir, sobrevive en una de las universos paralelos

(Sonia Fernández-Vidal, CERN y Los Alamos)

Probablemente, acosados por los compromisos diarios, no nos apasionan las nuevas teorías científicas, pero hay una que es verdaderamente sorprendente: además de nuestro universo, podría haber muchos otros universos llamados "paralelos".

Hasta ahora, esta posibilidad solo ha surgido en los libros y películas de ciencia ficción, pero sabemos que a menudo estos preceden al conocimiento científico. De hecho, no es imposible que los universos paralelos realmente existan y no sean simplemente el resultado de la imaginación de los escritores y guionistas de cine.

La hipótesis afirma que fuera de nuestro espacio-tiempo puede haber dimensiones paralelas, que darían vida a más universos.

La teoría más creíble sobre el nacimiento de universos paralelos sostiene que se han producido oleadas sucesivas de inflación cósmica desde el Big Bang. Es decir, el universo habría sufrido muchos procesos en cascada de expansión vertiginosa.

Estos eventos inflacionarios habrían dado lugar a un súper universo de burbujas, una estructura fractal en la que cada burbuja representaría una unidad cósmica propia. Por lo tanto, la realidad estaría compuesta de muchos universos alternativos a los nuestros. Estos universos no serían muy diferentes entre sí y, por supuesto, cada uno de ellos no sería infinito.

El conjunto de estos universos, siendo la suma de elementos "finitos", a su vez sería "finito". Sin embargo, podría contener infinitas expresiones de realidad.

Esta hipótesis se ha formulado durante algún tiempo y se conoce como la "teoría del multiverso". (*The multiverse theory*). Propulsado por varios físicos, recientemente ha sido respaldado con autoridad por Stephen Hawking.

Poco antes de su muerte, el 4 de marzo de 2018, Hawking propuso una interesante interpretación del multiverso. Lo hizo en un ensayo científico titulado "¿Una salida facilitada por la inflación eterna?" (*A Smooth Exit from Eternal Inflation?*). El trabajo es el resultado de una larga colaboración entre Hawking y el físico belga Thomas Hertog.

Un estudio reciente, realizado en colaboración entre la Universidad de Durham (Gran Bretaña) y la Universidad de Sydney (Australia) ha agregado especificaciones asombrosas a la teoría del multiverso. Según esta investigación, los universos paralelos podrían incluso albergar vida. Los resultados detallados de este estudio han sido publicados en el MNRAS (*Monthly Notices of the Royal Astronomical Society*), una de las publicaciones científicas más importantes en el campo de la astronomía y la astrofísica.

La teoría del multiverso.

Según algunos científicos, en la base del nacimiento de varios universos estaría la "energía oscura", (*dark energy*) una fuerza misteriosa y completamente hipotética en la que, con los medios actuales, no se puede probar su existencia. Sin embargo, esta forma de energía, si la hubiera, podría resolver muchos problemas. Por ejemplo, su difusión homogénea en el espacio podría generar una presión negativa capaz de justificar la expansión acelerada del universo.

Sin embargo, las ecuaciones que calculan la energía oscura total generada por el Big Bang dan un resultado mucho más alto que el requerido para la aceleración.

Entonces, ¿para qué sirve el resto de la energía oscura?

Hay dos respuestas posibles:

- Nuestro universo acelera mucho más de lo que creemos.

- El exceso de energía oscura se utiliza para otros fines que no conocemos.

La teoría del multiverso nació precisamente para justificar esta inexplicable sobreabundancia de energía oscura. El exceso de cantidad se distribuiría en otros universos, paralelos a los nuestros.

Sin embargo, río arriba de esto, debemos hacer una consideración muy importante. El universo en el que vivimos es muy afortunado. La suerte radica en el hecho de que nuestro universo contiene la cantidad correcta de energía oscura necesaria para producir exactamente la aceleración a la que estamos sometidos. La cantidad de aceleración está presente en la cantidad precisa necesaria para permitir la evolución de la vida. Es un valor absolutamente preciso, que nos permite: ganar la lotería de la vida todos los días.

Es evidente que con diferentes valores de aceleración, toda la evolución del cosmos habría sido diferente, incluidas las condiciones para el desarrollo de la vida en los planetas.

Por ejemplo, una aceleración mayor o menor en cantidades de solo uno por mil habría dado forma a un universo extraño. Los períodos de rotación de los planetas, las fuerzas de la gravedad, la distribución de las galaxias y los sistemas solares habrían sido diferentes.

Es casi seguro que en la Tierra no hubiéramos tenido agua y atmósfera. Nuestro planeta podría haber sido un desierto gaseoso o rocoso, como casi todos los demás planetas que conocemos. Quizás la Tierra ni siquiera existiría. Precisamente esa aceleración, precisa por milésima, ha significado que la vida podría desarrollarse en la Tierra.

La física cuántica es la madre del multiverso.

El verdadero origen de la Teoría del Multiverso debe buscarse en el desarrollo de la física cuántica.

Un científico estadounidense, Hugh Everett, propuso en 1957 la llamada "interpretación de muchos mundos" (*Many-worlds interpretation*). Everett desarrolló la teoría en el campo de los estudios y experimentos sobre el comportamiento cuántico de la materia.

Según estos estudios, cada vez que el mundo enfrenta una elección a nivel cuántico, el universo se divide en dos.

Para comprender completamente esta teoría, es necesario dar un paso atrás y examinar algunas reglas básicas de la física cuántica, en particular el principio de superposición. (*Superimposition principle*)

Este es uno de los principios básicos de la física cuántica, probablemente el más importante. Este principio establece que:

> "Se pueden agregar dos o más estados cuánticos y el resultado será otro estado cuántico válido".
>
> *(Any two (or more) quantum states can be added together and the result will be another valid quantum state).*

Probablemente esta definición parezca bastante oscura para los no expertos, por lo que podemos explicarla con un ejemplo, que tomamos de la física tradicional.

Imaginemos tirar la piedra clásica al estanque. Alrededor del punto de caída de la piedra hay una serie de círculos concéntricos que se ensanchan lentamente en la superficie del agua.

Ahora lanzamos una segunda piedra cerca de la primera: esta piedra también produce un círculo de ondas que se expanden.

En cierto punto, el círculo producido por la primera piedra se encuentra con el producido por la segunda piedra, y los dos círculos se fusionan. Más precisamente, los dos círculos se suman.

El primer y segundo círculos continúan existiendo simultáneamente, pero además se forma una "figura de interferencia", dada por la suma de los dos círculos.

Estos fenómenos ocurren cuando estamos tratando con olas de cualquier tipo, no solo con olas en la superficie del agua.

Las figuras de interferencia también se desarrollan en el caso de las ondas acústicas, cuando se agregan varios ruidos distintos. No importa si la suma produce la armonía de una orquesta o el ruido de la multitud de personas que gritan en la Sala de Cambio de la Bolsa de Valores..

También en el rango de frecuencia de radio se pueden agregar dos o más ondas: Cada radio o televisor está conectado a la antena. La antena recoge simultáneamente todas las frecuencias presentes en la atmósfera. El resultado es una confusión incomprensible. Por lo tanto, la masa de frecuencia capturada por la antena debe ser procesada por el decodificador, que envía solo la frecuencia seleccionada por el oyente al altavoz.

Consideremos otra hipótesis. Si arrojamos guijarros a una pared, no se genera el fenómeno de la ola. Las piedras que impactan contra la pared no generan figuras de interferencia, pero producen pequeñas lesiones en la pared misma. Cada lesión es distinta de las demás. Entre los impactos, no se generan fenómenos de interferencia.

Esto solo nos ayuda a entender un experimento, llamado "doble rendija" (double slit experiment) realizado por primera vez en 1801 por el británico Thomas Young. La intención de Young era entender si la luz está hecha de partículas u ondas.

Joven arrojaba rayos de luz a una barrera. La barrera tenía dos orificios o ranuras y se colocó frente a una pantalla sensible.

La idea de Young fue esta:

- Si la luz está compuesta de partículas, cada partícula pasa a través de una u otra ranura. La partícula continúa más allá de la ranura, llega a la pantalla sensible y deja una imagen nítida similar al impacto de una bala.

- Si la luz es una onda, se expande hasta que los círculos alcancen ambas rendijas y pasen a través de ellas. La ola continúa expandiéndose incluso más allá de las grietas.

Más allá de las dos rendijas se generan dos sistemas de onda. Los círculos de estos sistemas se expanden y se superponen. Como resultado, se forman patrones de interferencia en la pantalla.

El experimento confirmó la segunda hipótesis. Figuras de interferencia aparecieron en la pantalla sensible. Por lo tanto, Young ha concluido que la luz es una onda.

En los últimos tiempos, muchos laboratorios de investigación han decidido repetir el experimento. El progreso técnico ha permitido mejorar los procedimientos. En lugar de lanzar rayos de luz a la barrera, los científicos lanzaron los fotones individuales, es decir, las unidades elementales de luz. El objetivo era el mismo, es decir, comprender si los fotones son partículas u ondas.

El experimento, repetido innumerables veces, siempre produce el mismo resultado, lo cual es decididamente sorprendente. Vamos a examinarlo en detalle.

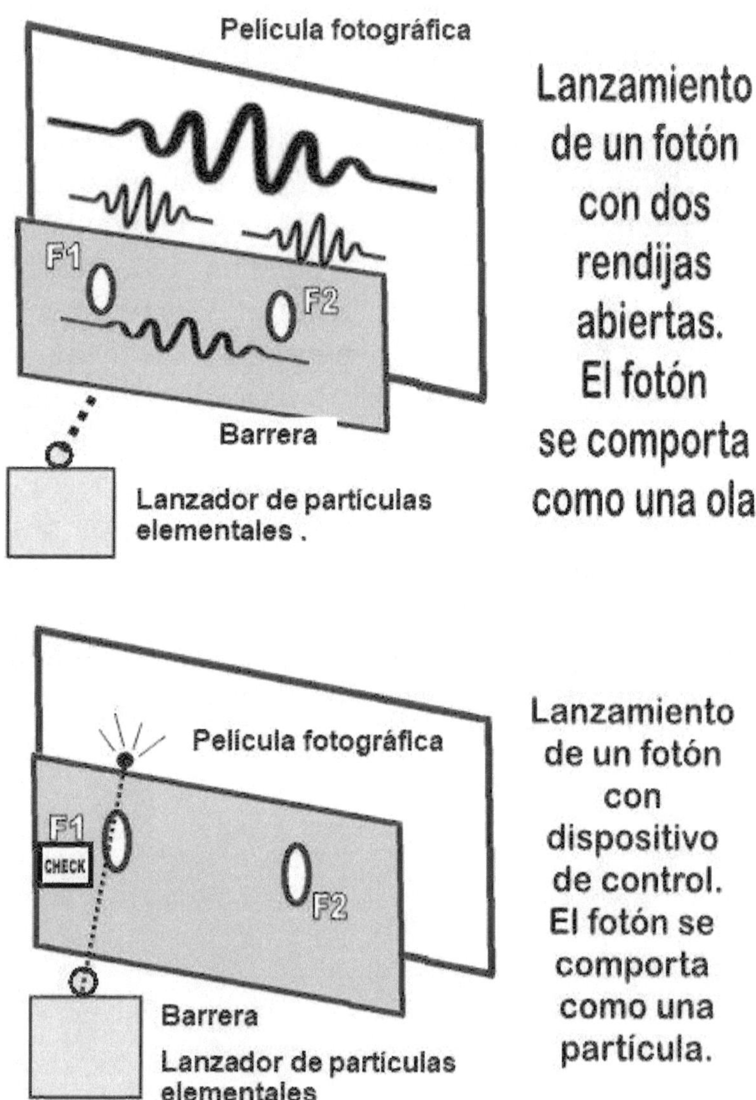

Figura 16 - El experimento de la doble rendija.

El aparato es similar al del experimento original. Incluye una barrera con una o dos ranuras y una pantalla trasera compuesta por una película fotográfica sensible a la luz.

Primera fase Una hendidura

Los fotones individuales se lanzan contra una barrera con una sola rendija. Los fotones pasan a través de la rendija y producen puntos únicos en la pantalla trasera, similar al impacto de una bala.

Esto sugiere que los fotones son partículas: de hecho, más allá de la barrera, no producen figuras de interferencia como lo habría hecho una piedra que golpea el agua. En cambio, después de pasar a través de la única rendija, los fotones proceden directamente a la pantalla fotográfica y dejan la señal de un impacto.

Segunda fase Dos rendijas

La sorpresa llega cuando los experimentadores lanzan un solo fotón contra una barrera con dos rendijas (figura 16, arriba). Según las expectativas, ese único fotón debe pasar a través de una u otra rendija. Después, debe dejar la marca de una bala detrás de la grieta que ha atravesado.

De hecho, sin embargo, algo increíble sucede. Ese único fotón cruzó TODAS LAS DOS rendijas, y esto se demuestra por el hecho de que las figuras de interferencia se crean más allá de la barrera.

Este experimento nos pone frente a uno de los misterios más profundos de la física cuántica.

Tercera fase El papel del observador

Pero las sorpresas no han terminado. Para comprender mejor lo que sucede, decidimos colocar un sensor detrás de la ranura F1. Si el fotón pasa a través de esa rendija, el sensor registra el paso. De esta manera sabemos que el fotón ha pasado a través de la ranura de la F1. (figura 16, abajo). Todavía lanzamos fotones, pero en este punto ocurre un evento aún más extraordinario. EEl fotón parece capaz de "saber" que lo estamos controlando. El fotón reacciona de diferentes maneras:

Situación 1 - Dos ranuras, una con un sensor de control:

El fotón pasa a través de una sola rendija, la que está equipada con un sensor. El sensor señala el paso del fotón. El fotón produce el impacto de un proyectil en la pantalla sensible. No se crean figuras de interferencia.

Situación 2. Dos rendijas sin el sensor de control.

El fotón pasa a través de ambas rendijas y produce patrones de interferencia en la pantalla.

El resultado es inequívoco: un solo fotón puede comportarse como una partícula, produciendo en la pantalla el signo del impacto de un proyectil, y como una onda, produciendo figuras de interferencia.

El comportamiento está determinado por la presencia de un sensor de control. Esto significa que el observador, es decir, la persona que organiza el experimento, puede determinar el comportamiento del fotón.

Un solo fotón que pasa por ambas rendijas representa una situación incomprensible e irreal.

Sin embargo, todo vuelve a la normalidad si se observa ese fotón. En presencia de un dispositivo de control, el fotón pasa a través de una sola rendija.

Intentemos expresar el concepto en otras palabras.

a) Cuando no se observa el fotón, está presente simultáneamente en todos los estados posibles:
- Estado 1: El fotón pasa por la ranura F1.
- Estado 2: El fotón pasa por la rendija F2.

b) Cuando se observa el fotón, pasa a través de una sola rendija.

Como decimos técnicamente, el fotón observó que "colapsa" en uno de los estados posibles:
- Estado único: el fotón pasa a través de la ranura F1 o a través de la ranura F2.

Esto se aplica a todas las partículas subatómicas, no solo a los fotones.

Además, debemos considerar que si abrimos diez ranuras en la barrera, la partícula no observada pasa a través de las diez. A la inversa, la partícula observada "colapsa" y pasa a través de una sola rendija.

Este experimento es increíble e importante, hasta el punto de que todavía podemos insistir en los resultados.

Imagina una barrera con tres rendijas, F1, F2 y F3.

Situación inicial:
- En el momento en que se lanza, la partícula no sabe que se ha colocado una barrera frente a ella.

- La partícula no sabe si hay grietas en la barrera, y cuántas hay.

- La partícula no sabe si, en presencia de barreras o grietas, se observará o no su paso.

Sin embargo, todo lo que sucede en el camino sugiere que la partícula lo sabía, lo cual es inexplicable.

De hecho, la partícula se comporta al principio del camino como si supiera lo que encontrará en el camino.

Realización del experimento SIN el sensor de control.

Al llegar a la barrera, la partícula atraviesa las tres rendijas, por lo que se encuentra simultáneamente en la rendija F1, en la rendija F2 y en la rendija F3.

Se dice que la partícula está en "superposición de estados". Los tres estados en que se encuentra son simultáneamente verdaderos. No podemos decir que hay tres partículas. Solo hay una partícula, pero los tres estados existen al mismo tiempo. Es una ubicuidad increíble.

Realizando el experimento CON el sensor de control.

Anteriormente, el experimentador configuró un sensor a la salida de la ranura F2. Se produce un colapso cuántico, es decir, la partícula solo pasa a través de la rendija F2.

Los otros dos estados "desaparecen". Podemos decir que colapsan en el estado bajo observación.

Hay dos preguntas. La primera pregunta es: ¿cómo supo la partícula, antes de encontrar la barrera, qué estado debería asumir?

La segunda pregunta es la siguiente: la partícula estaba potencialmente presente en tres estados, pero colapsa en el estado F2. ¿Qué pasa con los otros dos estados, F1 y

F3? ¿Realmente sucede que los estados F1 y F3, en el momento en que colapsan en F2, se cancelan y dejan de existir?

En la respuesta a esta pregunta se encuentra todo el nudo de la existencia del multiverso.

La mayoría de los científicos dicen que F1 y F3 eran simplemente probabilidades, por lo que dejan de existir tan pronto como la probabilidad alternativa F2 se vuelve real.

Otro científico, Hugh Everett, apoya una teoría diferente. Según él, las tres probabilidades existen realmente. Cuando el observador causa el colapso de una probabilidad en nuestra realidad, es decir, en nuestro universo, los otros dos colapsan en otros universos.

Por lo tanto, según Everett, cada estado de probabilidad presente en nuestro universo implica la existencia de otros universos. Por supuesto, incluso nuestro universo podría ser la condensación de una probabilidad nacida en otra parte del cosmos. Nuestro universo podría simplemente ser uno entre otros innumerables universos probables que se han hecho posibles.

En realidad, nuestro universo puede ser una pequeña cáscara en una realidad cósmica que no podría ser más infinita.

Como extravagante, el concepto del multiverso no se ha limitado a los supuestos de Everett. En las últimas décadas, el concepto también se ha afirmado en otras teorías científicas, especialmente la "teoría de cuerdas" (the string theory) y la "inflación caótica", o "teoría de la burbuja".

La hipótesis del multiverso, hoy, es una fuente de desacuerdo en la comunidad de físicos, que lo consideran demasiado arriesgado y lo ubican entre las ciencias de la frontera.

Sin embargo, los partidarios son numerosos y calificados. Entre ellos se encuentra Stephen Hawking, a quien ya hemos conocido en estas páginas y sobre el que no es necesario agregar nada. Los partidarios incluyen a Steven Weinberg, físico ganador del Premio Nobel de 1979, Brian Greene, profesor de la Universidad de Columbia y uno de los más importantes eruditos de la teoría de cuerdas, Neil Turok, experto sudafricano en teoría de cuerdas, Max Tegmark, un profesor de cosmología sueco en el Instituto de Tecnología de Massachusetts, Alex Vilenkin, ruso, autor de investigaciones sobre cosmología, inflación cósmica, energía oscura y cosmología cuántica.

También debemos recordar a Andrej Linde, profesor de física en la Universidad de Stanford, conocido por ser el padre de la teoría de la inflación caótica. Además de estos, hay muchos otros científicos que deben considerarse confiables, ya que han hecho importantes contribuciones al conocimiento científico actual.

¿Cuántos tipos de multiverso existen?

En 2011 se publicó un libro de Brian Greene titulado "La realidad oculta: los universos paralelos y las profundas leyes del cosmos". (The Hidden Reality: Parallel Universes and the Deep Laws of the Cosmos) El autor enumera nueve tipos de universos paralelos plausibles, es decir, que no son el resultado de fantasías o ideas descabelladas pero compatibles con teorías científicas. Estas teorías no están confirmadas, pero nacen en entornos acreditados que las hacen dignas de consideración.

Brian Greene es un físico estadounidense, uno de los partidarios más famosos de la teoría de cuerdas. Entre sus hipótesis sobre los multiversos, presento aquí solo algunas. Elegí aquellos que pueden ser interesantes para los temas tratados en este libro. Aquellos que quieran aprender más sobre el tema pueden encontrar fácilmente el libro de Greene en venta.

El paisaje multiverso (The landscape multiverse)

El multiverso "paisaje" consiste en "espacios Calabi-Yau". Estos espacios son paisajes en los que aparece el multiverso. Estos espacios están relacionados con la teoría de cuerdas, que predice la existencia de un número de dimensiones de 10 a 26, que es mucho más que las cuatro que conocemos (longitud, anchura, altura y tiempo). Las otras dimensiones estarían ocultas y "enrolladas" en cada punto del espacio-tiempo. Sin embargo, incluso si están ocultos, estas dimensiones pueden cambiar sus niveles de energía debido a las fluctuaciones cuánticas. De esta manera se crean nuevos espacios, cada uno con diferentes leyes.

Actualmente la expansión del universo se está acelerando. Esta aceleración se debería a la "constante cosmológica" que es una energía oscura que impregna el espacio. Actualmente no sabemos qué es la energía oscura y ni siquiera sabemos por qué tiene su valor específico. Algunos atribuyen este valor al principio antrópico, es decir, a la idea de que el universo fue diseñado para permitir la existencia de la vida y el hombre.

Aplicando el principio antrópico entendemos que el nuestro es solo uno de los muchos universos posibles. Los otros universos pueden tener valores de energía oscura iguales o diferentes. Estos valores están diseñados para la forma de vida que debe desarrollarse en ese universo.

El multiverso cuántico (Quantum Multiverse)

En la mecánica cuántica, la materia está compuesta de partículas u ondas. Esto significa que no es posible determinar la velocidad de una partícula y su ubicación al mismo tiempo.

En otras palabras, no podemos conocer con precisión la ubicación espacial de una partícula. Por lo tanto, las partículas se describen a través de la ecuación de Schrödinger. Esta ecuación determina la probabilidad de que una partícula se pueda encontrar en un lugar en lugar de otro. Solo cuando se observa una partícula se "colapsa" y su posición se vuelve segura.

En el multiverso cuántico, se crea un nuevo universo cada vez que un evento tiene diferentes probabilidades.

Esta es la "interpretación de muchos mundos" de Hugh Everett (Many Worlds Interpretation). Esta interpretación predice que cada medida o cada observación causa la división de nuestra realidad en muchos mundos.

La partícula, que es una función de onda, está sujeta al principio cuántico de "superposición de estados" (superposition of states), por lo que puede estar simultáneamente en dos o más lugares diferentes. Mientras que en nuestro universo la partícula está en un cierto punto, en otros universos, temporalmente, se puede encontrar en diferentes puntos.

El multiverso simulado (*The simulated multiverse*)

Este tipo de multiverso existe en sistemas informáticos complejos que simulan el funcionamiento de muchos universos. De acuerdo con esta interpretación, vivimos en un universo artificial creado como una simulación en una computadora súper avanzada.

Probablemente, en un futuro lejano, los avances en tecnología permitirán la creación de computadoras capaces de simular un universo entero. Sin embargo, no está claro si un ser como el hombre, que está dotado de conciencia, puede ser creado y simulado por una computadora.

El físico y matemático Roger Penrose ha demostrado, basado en el teorema de incompletitud de Gödel, que algunas funciones realizadas por nuestro cerebro son imposibles de reproducir para cualquier computadora. En consecuencia, en la actualidad esta hipótesis multiversa está completamente excluida.

Sin embargo, si en el futuro será posible crear universos simulados, en cada universo simulado habrá civilizaciones tecnológicas que, a su vez, podrán crear universos simulados.

El último multiverso (The ultimate multiverse)

Este multiverso contendría cada universo matemáticamente posible, cada uno con diferentes leyes de la física. Esta es la categoría más filosófica.

El multiverso final deriva del "Principio de fecundidad" teorizado por el filósofo estadounidense Robert Nozick. Según este principio, cada universo posible es real. En verdad, este principio tiene orígenes mucho más antiguos y se remonta a Platón, que lo llamó "Principio de plenitud".

El multiverso brane (The brane multiverse)

Este multiverso deriva de la teoría M "La Madre de todas las teorías", (*The Mother of all theories*). Hawking trabajó en este proyecto en los últimos años de su vida. La teoría M intenta unificar todas las teorías existentes y todas las interacciones fundamentales de la materia (gravedad, fuerzas nucleares y fuerza electromagnética). Según la teoría, cada universo sería una brana tridimensional. Pongamos un ejemplo. Si las branas tridimensionales son rebanadas de pan, entonces el multiverso es la barra que incluye todas las rebanadas.

Estética de la ciencia

Estos modelos de multiverso no pueden verificarse experimentalmente y esto los coloca, por ahora, en el ámbito de la filosofía o la metafísica.

Sin embargo, la experiencia nos recuerda que muchos descubrimientos científicos han surgido de intuiciones excéntricas o extravagantes. Por supuesto, esto sucede solo en algunos casos especiales. De hecho, esto rara vez sucede

Entonces, ¿por qué los científicos se involucraron en el desarrollo de ciertas teorías, sabiendo que será difícil encontrar confirmación?

Probablemente, el científico es como un artista. Siente la necesidad de expresar, con las herramientas que posee, la estética de su pensamiento.

De la misma manera que existe la estética del arte, también existe una estética real de la ciencia. Esta característica completa la belleza matemática y la lógica de los estudios científicos.

El físico indio Subrahmanyan Chandrasekar, Premio Nobel de Física 1983, escribió el ensayo "Verdad y belleza. Las razones de la estética en la ciencia". (*Truth and Beauty: Aesthetics and Motivations in Science*). En el comentario introductorio podemos leer esta declaración:

> "Una gran teoría científica es también una obra de arte. Para los grandes científicos, la belleza siempre ha sido uno de los objetivos a alcanzar, una guía en el camino hacia la verdad ".

John Sullivan, autor de las biografías de Newton y Beethoven, escribe en *"Athenaeum"* en mayo de 1919:

"El objetivo principal de la teoría científica es expresar las armonías que se observan en la naturaleza. Como resultado, estas teorías deben tener un valor estético. De hecho, la medida del éxito de una teoría científica es la medida de su valor estético.

De hecho, una teoría científica es tanto más válida, cuanto más introduce la armonía donde había caos.

La justificación de una teoría científica y del método científico se puede encontrar en su valor estético. Las razones que guían al científico son, desde el principio, manifestaciones del impulso estético.

La ciencia puede considerarse inferior al arte solo cuando es una ciencia incompleta ".

Inteligencia en el centro del universo

No es Materia lo que genera Pensamiento,
pero es el Pensamiento el que genera la Materia.

(Giordano Bruno, filósofo)

El papel del observador.

Ahora tenemos que volver al experimento de la doble rendija, descrito anteriormente, para hacer algunas observaciones importantes sobre el papel del observador. Estamos hablando de la figura del observador entendida según la teoría cuántica.

La consecuencia más importante del experimento de doble rendija es que el observador puede determinar el comportamiento del fotón simplemente observándolo. En términos simbólicos, decimos que la "mirada" del observador modifica el comportamiento del asunto.

Esto sucede no solo con los fotones, sino también con todas las partículas elementales, como los protones y los electrones.

John Wheeler era un físico estadounidense. Fue una figura carismática en la física de los años 30 y 40. Muchos físicos famosos han crecido bajo el liderazgo de Wheeler, incluido Richard Feynman.

Entre otras cosas, Wheeler acuñó el término "agujero de gusano" para indicar los túneles espaciales que permiten conectar las diferentes regiones del espacio-tiempo.

Wheeler cree que la participación del observador en la realidad subatómica es ciertamente el aspecto más importante de la física cuántica. Por lo tanto, Wheeler propone reemplazar el término "observador" con el de "participante". Él expresa esta creencia en una cita famosa:

"La medición cambia el estado del electrón. Después de la medición, el universo ya no es el mismo. Para describir lo que sucedió, debemos eliminar la antigua palabra "observador" y reemplazarla con el nuevo término "participante". En cierto modo, el universo es un universo basado en la participación ".

En el nivel de partículas elementales, la conciencia del observador puede participar en el funcionamiento de la materia, de hecho, puede determinar este funcionamiento.

Por ahora esto se aplica a partículas individuales. Sin embargo, todo en el universo está compuesto de partículas individuales. A través de estudios posteriores, estamos descubriendo que la conciencia también puede intervenir en agregaciones de fotones, átomos y moléculas. Quizás, en el futuro, descubramos que la conciencia puede intervenir en organismos biológicos completos.

¿Quizás estamos hablando de ese fenómeno que en el campo extrasensorial se llama psicoquinesis?

Psychokinesis o telekinesis o Pk es un fenómeno paranormal. Según la psicoquinesis, un ser vivo puede actuar sobre el entorno que lo rodea y puede manipular objetos inanimados, a través de formas desconocidas para la ciencia.

A través de la psicoquinesis, sería posible mover objetos, doblar metales, poner en movimiento máquinas y realizar muchas otras acciones. Todo esto sería posible, con el único poder de la mente. La ciencia no reconoce esta posibilidad y la considera una fantasía.

Añado algunas consideraciones filosóficas.

La ciencia oficial ha demostrado que al observar una sola partícula es posible influir en su comportamiento. La observación colapsa la partícula en un estado dado.

Por supuesto, todo lo que sucede a nuestro alrededor es el resultado de partículas que colapsan en ciertos estados y no en otros. Además, es cierto que somos los observadores, por lo que somos nosotros quienes los hacemos colapsar.

Por lo tanto, el cielo nos parece azul y la cáscara de una manzana nos parece roja porque, al observarlos, nosotros mismos determinamos ese color.

Es cierto que todos vemos el mismo color, pero no exactamente el mismo. Para esto, podemos imaginar haber sido diseñados con algunas habilidades básicas comunes. Era necesario mantener el orden en la creación. Quien nos diseñó lo hizo con gran sabiduría, con gran equilibrio.

No estamos destinados a sufrir pasivamente lo que sucede a nuestro alrededor. Según este proyecto, somos directores y constructores del universo que nos rodea.

Nuestros sentidos han sido diseñados para colapsar la realidad tal como se colapsa.

Habría muchas otras posibilidades. Por ejemplo, podríamos ver un cielo rayado rojo-verde o un mar de agua amarilla. Pero estas posibilidades desaparecen cuando "miramos" el cielo y el mar, y nuestra mirada produce los colores y transparencias conocidos.

Así también los gustos que probamos y la dureza que percibimos al tacto son el resultado de la forma en que las partículas elementales involucradas en estos fenómenos colapsan.

Esto confirma el pensamiento más antiguo de la humanidad. No somos meros productos del caso. No somos prisioneros en un universo que no se preocupa por nuestra insignificancia. Más bien, vivimos en un universo construido a nuestra medida. Más: nosotros mismos contribuimos a construir nuestro universo.

Una némesis científica

En este capítulo vemos cómo la humanidad es testigo de una némesis científica. Hace unos siglos, algunos científicos eliminaron la Tierra del centro del Universo. Hoy, otros científicos están colocando al Hombre en la misma posición. Nos acercaremos a la confirmación de esta declaración paso a paso.

Isaac Newton, matemático y astrónomo inglés, elaboró las leyes del movimiento. Newton publicó los resultados de su investigación en 1687, en el volumen "*Philosophiae Naturalis Principia Mathematica*". Cada erudito, al leer este libro, entendió que sería posible calcular la trayectoria de cualquier proyectil, además de la órbita de cualquier cuerpo celeste.

En 1845, el astrónomo francés Urbain-Jean-Joseph Le Verrier calculó la posición de un misterioso cuerpo celeste responsable del funcionamiento irregular de la órbita de Urano. Lo hizo aplicando los principios newtonianos.

En 1846, el científico alemán Johann Gottfried Galle pudo observar el cuerpo celeste de Le Verrier. Ese cuerpo se convirtió en el octavo planeta del sistema solar, con el nombre de Neptuno.

Esta y otras confirmaciones de la teoría newtoniana sugirieron que, conociendo las fuerzas involucradas, habría sido posible determinar con absoluta precisión el movimiento de cualquier objeto celeste.

De hecho, fue posible calcular las tablas de efemérides. Estas tablas contienen las coordenadas de las estrellas según el curso del tiempo, es decir, predicen las posiciones que serán asumidas por los cuerpos celestes en tiempos posteriores.

El entusiasmo fue grande, hasta el punto de que el astrónomo francés Pierre-Simon de Laplace (1749-1827) declaró:

> "Si la posición y el momento de una partícula se conocieran con precisión en un instante dado, entonces, conociendo todas las fuerzas que actúan sobre la partícula misma, su movimiento se determinaría, de manera unívoca, en todos los instantes posteriores. Esto sería posible utilizando las ecuaciones de la mecánica ".

En palabras más simples, Laplace significaba que si hubiera sido posible analizar los datos relacionados con la posición y la velocidad de todas las moléculas y átomos presentes en el universo, la consecuencia habría sido asombrosa. En la práctica, utilizando este conocimiento, habría sido posible establecer los movimientos futuros de cada cuerpo celeste. En la práctica, el destino del universo podría haberse calculado.

La declaración de Laplace, a pesar de sus características puramente científicas, tenía implicaciones filosóficas muy relevantes.

Según Laplace, si se supiera la situación del universo en un momento dado, habría sido posible calcular todo lo que había sucedido en el pasado y todo lo que habría sucedido en el futuro.

Así, Laplace reforzó la idea, ya generalizada en los círculos científicos, de un universo absolutamente mecánico, gobernado por el azar y la materia.

Todo el universo era similar a un juguete de resorte gigante, un mecanismo de relojería capaz de realizar operaciones dinámicamente predeterminadas. Pero en este universo cualquier actividad resultante del libre albedrío habría sido excluida.

En consecuencia, también el hombre, dado que está hecho de partículas materiales, está sujeto a las reglas newtonianas, por lo tanto, es un juguete mecánico capaz de moverse solo en las formas permitidas por los engranajes. Este "juguete" puede continuar moviéndose hasta que se descargue el resorte. No tiene oportunidad de cambiar su destino.

Estas conclusiones confirmaron el concepto de "determinismo", ya en boga desde el siglo XIV. Según el determinismo, todo evoluciona con precisión mecánica, independientemente de los deseos y la voluntad del hombre.

Después de eliminar el planeta Tierra del centro del universo, el Hombre también fue eliminado del centro de la creación. El hombre se convirtió en una criatura generada por casualidad en un pequeño planeta ubicado en el borde de la Galaxia.

Entre los siglos XIX y XX, la visión del mundo cambió radicalmente, cuando la física y la astronomía alcanzaron niveles de conocimiento que no podrían haberse imaginado en siglos anteriores.

Sorprendentes coincidencias

La tarea de la ciencia es describir el universo a través de hipótesis y teorías expresadas en forma de leyes universales. Muy a menudo, la descripción utiliza fórmulas matemáticas para alcanzar un conocimiento de la realidad de la manera más objetiva posible.

De esta forma, se calculan proporciones y relaciones, que permanecen fijas en todas las condiciones y, por lo tanto, se definen como "constantes". Estos valores tienen un valor inestimable. Son las bases muy sólidas que se utilizarán para calcular todas las leyes que rigen el universo.

Por supuesto, las constantes no surgen por casualidad y no pueden determinarse "una tantum" para apoyar una teoría. Las constantes deben confirmarse como estables, fijas e invariables en infinitos experimentos prácticos. Solo después de este camino son aceptados por todos los físicos.

Hay algunas controversias entre los científicos que indican que algunas constantes pueden variar durante millones de años debido a cambios en el universo. Por ejemplo, hipotetizamos que la "constante gravitacional universal" (universal gravitational constant) está disminuyendo a medida que el universo envejece.

Sin embargo, esto no afecta una observación que parece ser absolutamente evidente para todos: si las constantes físicas tuvieran valores imperceptiblemente diferentes, el universo no existiría o sería totalmente diferente de cómo lo observamos.

Es decir, el universo es así porque las constantes que lo regulan son exactamente así, hasta la milésima de milésima.

Considere el caso de la constante que regula la fuerza electromagnética en los átomos, también llamada "constante de estructura fina" (*fine-structure constant*), símbolo **"α"**. Un pequeño cambio en esta constante interrumpiría las relaciones entre las fuerzas repulsivas y atractivas que están presentes entre las partículas elementales.

En un universo con un valor **"α"** diferente, el Sol, sus planetas y cualquier forma de vida, incluidos nosotros mismos, ya no existirían. La "constante de estructura fina" es el valor que regula las relaciones entre las constantes físicas principales del electromagnetismo, es decir, la carga del electrón, la constante dieléctrica en el vacío, la constante de Planck y la velocidad de la luz. Esta constante es de gran importancia en las teorías de cuerdas y multiverso.

La "constante de Planck", (*Plank constan*) comúnmente llamada "cuánto", (*quantum*) está representada por el símbolo **"h"**. El "cuántico" es la parte más pequeña de las partículas elementales que componen la materia: electrones, protones, neutrones y muchos otros. El "cuánto" es indivisible. Su valor es igual a

$6.62606876 \times 10^{-34}$ Js. Simplemente lea este número para comprender que es una cantidad extremadamente pequeña. Sin embargo, define cada parte del universo, desde el tamaño de los átomos hasta la fuerza de las reacciones nucleares en las estrellas. Además, la luz está hecha de "cuántos".

El símbolo **"G"** indica la "constante de atracción gravitacional" (*gravity constant*), es decir, el coeficiente de proporcionalidad en la ley gravitacional universal formulada a finales del siglo XVII por Isaac Newton. La misma constante también aparece en la ecuación del campo gravitacional de la relatividad general. La constante **"G"** determina la fuerza, proporcional a las masas, con la que atrae cualquier objeto, desde piedras hasta planetas, estrellas o galaxias. La constante **"G"** es muy pequeña, es igual a 6.67×10^{-11} N m² / kg².

El símbolo **"e"** indica la carga de electrones. La unidad de carga eléctrica es igual a $1.60219 * 10^{-19}$ coulombs. No es divisible, no hay submúltiplos. Los Quarks que tienen una carga de 1/3 o 2/3 están vinculados a otros quarks para sumar una unidad completa o un múltiplo juntos.

Otra constante que es de importancia absoluta es la velocidad de la luz en el vacío, representada por el símbolo **"c"**. Su valor es igual a 299.792.458 m / s, a menudo simplificado en 300,000 kilómetros por segundo. Es la velocidad que no se puede superar en la física de Einstein.

Las cuatro fuerzas fundamentales que gobiernan la naturaleza son la interacción gravitacional, la interacción electromagnética, la interacción nuclear débil y la interacción nuclear fuerte. Estas fuerzas dependen de algunas de las constantes mencionadas, como la velocidad de la luz, la constante de gravitación universal, la constante de Planck, la constante de Hubble, la carga eléctrica del electrón, la masa de electrones y otras.

Pero, ¿por qué estas constantes realmente tienen esos valores? La respuesta puede estar implícita en otra pregunta: ¿Qué pasaría si las constantes fundamentales tuvieran valores diferentes?

Podemos hacer simulaciones, asignando a las constantes valores ligeramente diferentes a los existentes. De esta forma podemos verificar qué tipo de universo podría resultar.

Bueno, cualquier simulación muestra que, al variar las constantes, las condiciones que permitieron el desarrollo de la vida en la Tierra no se habrían cumplido.

Comencemos por lo extremadamente pequeño. Si la masa del protón se volviera mayor o menor que la masa del neutrón, todos los átomos se volverían inestables. En la práctica, el universo colapsaría en un atasco cósmico.

Si los átomos de hidrógeno contuvieran protones y neutrones de diferente masa, el resultado sería que estos átomos se dividirían en neutrones y neutrinos. El Sol y todas las estrellas, sin combustible nuclear, se extinguirían.

Según las simulaciones, si la fuerza nuclear fuerte se volviera mínimamente más débil, el único elemento estable en el universo sería el hidrógeno. Cualquier otro elemento estaría ausente. Por ejemplo, no habría carbono, que es la base de nuestra vida.

También consideramos la densidad de la materia. Si la densidad fuera mayor, solo se podrían formar agujeros negros, no estrellas. Incluso si la densidad fuera menor, las estrellas no se habrían formado.

Si la fuerza de la gravedad fuera un poco más fuerte de lo que es, el universo estaría sujeto a una evolución muy rápida y las estrellas consumirían su combustible en muy poco tiempo.

Si, por otro lado, la fuerza de la gravedad fuera más débil de lo que es, la materia no podría condensarse en nebulosas, galaxias, estrellas y planetas. El universo sería un espacio caótico cubierto de fragmentos de material y gas.

En conclusión, está claro que las leyes físicas que gobiernan el universo no podrían ser muy diferentes de lo que son. Si estas leyes fueran diferentes, comprometerían la posibilidad de la vida tal como la conocemos.

Dejemos el espacio cósmico y evaluemos otras coincidencias extraordinarias que operan más cerca de nosotros, al nivel del planeta Tierra.

Considere la distancia de la Tierra al Sol. Si fuera menos de un pequeño porcentaje, como el 5%, los océanos hervirían. Si, por otro lado, la Tierra estuviera un 15% más lejos del Sol, todo el planeta se convertiría en un bloque de hielo. Por simetría, ocurrirían las mismas cosas si el Sol fuera un poco más grande o más pequeño.

Los átomos de carbono y oxígeno están casi igualmente presentes en los organismos biológicos. Este ligero desequilibrio hace posible la vida. Una composición diferente crearía grandes problemas. Por ejemplo, los suelos con presencia excesiva de oxígeno perderían fertilidad porque quemarían cualquier vida basada en el carbono.

La órbita de la tierra es excéntrica, es decir, no circular pero ligeramente elíptica. Además, el eje de la Tierra está inclinado. Estas dos peculiaridades contribuyen a mantener un clima suficientemente estable y permiten que las estaciones se alternen. Esto hace posibles los cultivos agrícolas.

Desde hace algunos años, la búsqueda de planetas similares a la Tierra ha comenzado. Esta investigación se centra en la llamada "zona de habitabilidad". Es una banda estrecha de espacio alrededor de la estrella principal. Afortunadamente para nosotros, la Tierra está situada justo en la pequeña zona de habitabilidad que rodea al Sol. Si nuestra órbita fuera más interna o más externa, la vida en nuestro planeta no podría existir tal como la conocemos. Gracias al hecho de que la Tierra está ubicada en la zona habitable del Sol, podemos tener agua en estado líquido.

Figura 17 - Brandon Carter, creador de la teoría llamada "Principio antrópico". Según esta teoría, el universo ha sido "construido" para permitir el desarrollo de la vida inteligente.

La biología terrestre se basa en el carbono, un átomo con seis protones. El carbono no está aquí por casualidad.

Este elemento nació durante la formación del universo a través de eventos muy complicados. Gracias a estos eventos complejos, el carbono se ha convertido en el componente principal de nuestra biología. Es imposible decir que esto sucedió sin un proyecto. Todo el carbono que existe en la Tierra y en otros planetas se generó en las estrellas, durante el proceso de formación del universo.

El proceso que nos llevó a estar aquí, a mirar, tocar y dar forma a la naturaleza con nuestras manos y nuestros ojos, comenzó con el mismo origen que el universo.

Después del Big Bang, el primer elemento que apareció fue hidrógeno equipado con un solo protón. Solo 200 segundos después del Big Bang, a partir de la fusión de pares de átomos de hidrógeno, comenzó a formarse helio que tiene dos protones, y de la fusión de tres átomos de hidrógeno nació el litio, que tiene tres protones.

Continuando con este proceso, el berilio nació de la fusión de dos átomos de helio, cada uno con dos protones, que tiene cuatro protones.

El siguiente paso fue la fusión de los átomos de berilio, dotados con cuatro protones, con átomos de helio que tienen dos protones. Esta fusión condujo al nacimiento del átomo de carbono que tiene seis protones. Sin embargo, estos átomos de carbono eran inestables. Inmediatamente después de su formación, estos átomos se desintegraron y nuevamente formaron tres átomos de helio.

Sin embargo, en el futuro, era necesario tener átomos de carbono estables para generar vida. En particular, un planeta, la Tierra, necesitaba carbono estable. La tierra aún no había nacido, pero el carbono estable estaba en su futuro.

Increíblemente, se desarrolló un proceso en las estrellas para estabilizar los átomos de carbono. Esto sucedió cuando el hidrógeno escaseaba en las estrellas y la temperatura subía a unos 100 millones de Kelvin. Estas condiciones generaron carbono estable.

Todo esto todavía sucede hoy, en el cosmos, pero no es suficiente. Debe ocurrir otra condición: el carbono debe abandonar el ambiente de las estrellas, donde nace, para invadir los cuerpos celestes con condiciones de temperatura más favorables para la vida, es decir, los planetas.

Bueno, un mecanismo providencial resuelve este problema. Cuando una estrella, al final de su ciclo de vida, se convierte en una supernova, explota y vierte enormes masas de materia en el universo, incluido el carbono.

Se necesitaron al menos diez mil millones de años para que todo este proceso se completara por primera vez, después del nacimiento del universo. Esto significa que la edad actual del universo, aproximadamente trece mil quinientos millones de años, es la más adecuada. para asegurar que las formas de vida biológicas basadas en el carbono puedan desarrollarse en el planeta Tierra, y probablemente también en otros planetas.

En última instancia, debemos reconocer que el universo es una estructura muy delicada en la que se inserta otra estructura igualmente delicada que es el planeta Tierra.

El universo y la Tierra nacen de millones, incluso miles de millones de combinaciones que habrían sido posibles.

Pero solo se ha cumplido una condición, así que estamos aquí.

Hemos ganado la lotería de la vida. Era precisamente la única combinación que podía hacer posible nuestra existencia.

Esta declaración fue respaldada por eminentes científicos, y es la base de una interpretación de la vida en el cosmos llamada "Principio antrópico" (Anthropic principle)

Según los creadores del principio antrópico, podemos hacer una declaración aparentemente banal. Existimos y estamos aquí para observar el Universo precisamente porque el universo tiene estas características particulares.

Pero no es suficiente, hay mucho más. Algunos dicen que el Universo está hecho de esta manera porque "una inteligencia" quería que estuviéramos aquí: es decir, el hombre no es un producto aleatorio, sino el objetivo inicial y final. El hombre es un objetivo deseado. La voluntad de que el hombre existiera quería y produjo la creación de nuestro universo en la conformación adecuada para albergarlo.

El principio antrópico.

Por lo que se dijo en el capítulo anterior, la probabilidad que condujo al nacimiento de la vida, si se debe al azar, sería 1 en un número seguido de tal cantidad de ceros difíciles de escribir en su totalidad.

Sin embargo, en la ciencia tradicional dominada por el determinismo, el hombre se considera un experimento zoológico aleatorio, un producto secundario de la evolución.

Sobre la base de esta suposición, no hay ningún propósito en la creación. En consecuencia, el hombre es un agregado de materia que no implica ningún propósito. Además, la conciencia humana se considera el producto de arreglos moleculares particulares, que se han constituido, durante millones de años, por mutaciones aleatorias y por la selección realizada por el medio ambiente.

Según la interpretación determinista, la conciencia, el pensamiento, las intuiciones y los deseos son productos de desecho del procesamiento químico del cerebro. Todos estos movimientos espirituales no tienen correspondencia con la realidad, de hecho nacen y mueren en las circunvoluciones cerebrales. El determinismo positivista sostiene que todas estas cosas son sueños, ilusiones, epifenómenos que perturban el funcionamiento de la máquina. El hombre es una máquina y todos saben que las máquinas no sueñan y no tienen deseos. Sin embargo, se reconoce que el hombre tiene la capacidad de engañarse a sí mismo.

Obviamente, esto está en desacuerdo con lo que se dijo en el capítulo anterior. ¿Por qué debería haberse formado el universo únicamente con el propósito de permitir el nacimiento del ser humano, si este ser es poco más que un mineral capaz de moverse?

Está claro que toda la extraordinaria consistencia de las constantes básicas y las condiciones físicas del planeta no pueden considerarse al azar. El cosmos se basa en el orden. Es cierto que en la creación podrían haber constituido órdenes y relaciones muy diferentes que no permitirían el desarrollo de una vida como la nuestra. Probablemente esto sucede en otros universos.

Sin embargo, cualquiera que sea el orden establecido en un universo, debe basarse en criterios que permitan que ese universo exista. El conjunto de relaciones debe ordenarse necesariamente para que todo funcione y para evitar que el sistema se autodestruya.

Por lo tanto, independientemente de la presencia del hombre, cualquier universo en su orden debería ser el resultado de un proceso no aleatorio. Incluso un universo sin vida necesitaría un proyecto.

Sin embargo, en nuestro universo, el orden creativo quería que todas las fuerzas en juego fueran tales que permitieran el desarrollo de nuestra vida.

Esta evidencia ha permitido a muchos científicos formular hipótesis y apoyar el "principio antrópico".

Si se pregunta qué piensa la gente sobre el principio antrópico, muy pocos podrán responderlos. Algunos tendrán dificultades para responder preguntas mucho más simples, como "¿Qué es la gravedad?"

La gravedad, y todas las leyes de la naturaleza, son normas naturales que funcionan incluso si no sabemos cómo lo hacen. Por ejemplo, casi nadie sabe cómo funciona nuestra respiración, pero respiramos durante todos los momentos de nuestras vidas. Muy raramente nos preocupamos de saber cómo hacerlo, a menos que seamos estudiantes de medicina.

El principio antrópico es algo del mismo tipo. Si no existiera, viviríamos igual de bien sin preocupaciones.

El hecho de que exista el principio antrópico tiene una importancia completamente filosófica, como la existencia de Dios o el hecho de que la Tierra gira en torno a sí misma.

Lo creamos o no, son cosas que suceden de todos modos. Tal vez por eso no nos importa en absoluto. Creemos que, sin embargo, estas cosas no cambian nuestras vidas.

De hecho, no sería absolutamente así, porque si la Tierra no girara sobre sí misma, muchas cosas cambiarían en nuestra existencia física. Del mismo modo, si Dios no existiera, muchas cosas cambiarían en el nivel espiritual y en el resultado final de nuestra existencia.

Lo que impulsa a muchos a investigar los grandes temas científicos, filosóficos y espirituales es una cierta llama que en algunos arde más fuerte que en otros.

Esta llama es la curiosidad, el deseo de saber, la ambición de descubrir la mecánica de los engranajes para modificar a nuestro favor las operaciones de lo que nos rodea, debajo y por encima del cielo.

Ya sea que vivamos para el universo, o que vivamos en el universo, o que el universo viva para nosotros, cambia poco en nuestra vida diaria y es suficiente para que el tema sea completamente irrelevante para muchos.

Pero muchos otros, como usted que están leyendo este libro, desean investigar y saber, porque el conocimiento siempre ha sido la primavera de la evolución humana. Sin el desarrollo del conocimiento, aún estaríamos aquí para comer lagartijas crudas después de capturarlas arrojando piedras.

El principio antrópico es una teoría que aún no se ha confirmado (sería muy difícil hacerlo). Sin embargo, esta teoría está afectando a muchos de los científicos más ilustrados.

Nacimiento y evolución del principio antrópico.

Paul Dirac, físico y matemático, ganador del Premio Nobel de Física en 1933, es uno de los fundadores de la mecánica cuántica. Nació en Bristol, en el Reino Unido, en 1902. Dirac fue el primero en notar la existencia de extrañas afinidades entre cantidades físicas muy diferentes.

De hecho, en la década de 1930 Dirac calculó una extraña igualdad. La raíz cuadrada del número estimado de partículas presentes en el universo es igual a la relación entre la fuerza electromagnética y la fuerza gravitacional existente entre dos protones. Dirac llegó a la conclusión de que esta relación no es constante, sino que varía según los tiempos cosmológicos.

A fines de la década de 1950, Robert Dicke, otro físico experimental de los Estados Unidos, confirmó la sorprendente coincidencia encontrada por Dirac. Dicke declaró que la igualdad de los dos valores fue más evidente en la primera fase de la evolución de las estrellas. En ese momento había una abundancia particular de carbono, que es el componente fundamental de los organismos vivos.

Por lo tanto, la coincidencia encontrada por Dirac estuvo indudablemente asociada con los procesos evolutivos responsables de la aparición de formas vivas basadas en la química del carbono. En 1957, Dicke expresó sus pensamientos con estas palabras:

> "La edad actual del universo no es accidental sino que está condicionada por factores biológicos. Cualquier cambio en los valores de las constantes fundamentales de la física evitaría que el hombre esté aquí para medirlas ".

De hecho, esta fue la primera declaración del principio antrópico débil. Fue una declaración inconsciente, porque el principio antrópico aún no se conocía. Por lo tanto, el comentario de Dicke fue recibido con indiferencia. Su idea no estaba sujeta a prejuicios desfavorables. Sin embargo, los prejuicios llovieron abundantemente cuando se elaboró y publicó el principio antrópico, es decir, cuando se entendió el principio en todas sus implicaciones.

La teoría fue enunciada por primera vez, de manera oficial, en 1973 por el físico australiano Brandon Carter (figura 17). La primera versión de la teoría evolucionó en varias interpretaciones: el "principio débil", el "principio fuerte", el "principio último" y el "principio participativo".

En el principio débil, la teoría es de una evidencia desarmadora, por lo que pocos lo disputan. Esta versión establece que el universo en el que vivimos, de hecho, permite la vida tal como la conocemos. Esta declaración proviene de un profundo conocimiento de las leyes de la naturaleza. Estas leyes establecen que la vida está permitida gracias a innumerables coincidencias afortunadas, todas indispensables. Si una coincidencia no fuera verdadera o diferente, la vida no existiría.

La exposición del principio débil contiene esta declaración:

"Los valores de todas las cantidades físicas y cosmológicas no son igualmente probables. Los valores de estas constantes responden a la condición de que deben existir lugares en los que la vida basada en el carbono pueda evolucionar. Además, estos valores responden a la condición de que el Universo tenga la edad suficiente para dar lugar a formas de vida basadas en el carbono ".

Más tarde Brandon Carter teorizó el fuerte principio antrópico. En 1986, John Barrow y Frank Tipler, en el libro a dos manos *"El principio cosmológico antrópico"*, analizaron el principio según la versión "fuerte". En el principio fuerte se afirma que el universo *"debe"* poseer esas propiedades que permiten que la vida se desarrolle dentro de él.

Ese "debe" cambia el enfoque de lo puramente científico a lo filosófico o metafísico. De hecho, el verbo "debe" presupone la existencia de una entidad que expresa y ejerce su voluntad en la creación del universo. Esta afirmación es muy indigesta para la ciencia positivista.

Sin embargo, la fuerte formulación del principio antrópico describe una nueva relación entre el universo y el hombre. Una antigua dignidad que había sido quitada es recuperada y devuelta al hombre. El fuerte principio antrópico elimina al ser humano de la posición marginal en la que fue relegado, junto con su planeta. Naturalmente, la Tierra nunca regresa al centro del Universo. La posición central está ocupada por el Hombre, alrededor del cual y para el cual existe el universo.

El fuerte principio antrópico tiene el doble mérito de restaurar el prestigio del ser humano y de "iluminar" la ciencia con una nueva nobleza, eliminándola del gris mecanicista de la Ilustración. (Cuando decimos el significado de las palabras!).

Barrow y Tipler han sido fuertemente criticados porque en su libro proponen un tercer tipo de principio antrópico, después de los dos teorizados por Carter. Los dos autores proponen el "principio antrópico último". Con esta teoría adicional, quieren explicar mejor las increíbles coincidencias que permiten la existencia de nuestro universo y nuestra vida inteligente.

En el "último principio", Barrow y Tipler parten del postulado de que, en el caso de variaciones infinitesimales de los valores de las constantes cosmológicas fundamentales, la existencia del universo tal como la conocemos se perdería. Considerando esto, concluyen que no podemos estudiar la estructura actual del universo sin tener en cuenta nuestras necesidades físicas. La declaración del último principio antrópico establece:

> "El procesamiento inteligente de la información en el universo necesariamente debe desarrollarse. Esta inteligencia, una vez aparecida, nunca se extinguirá ".

Al principio, el famoso astrofísico Stephen Hawking expresó dudas. Declaró que la existencia de otras galaxias y la homogeneidad a gran escala del universo podrían contrastar con el fuerte principio antrópico.

Más tarde, sin embargo, cuando se dedicó al desarrollo de la Teoría M, Haking cambió de opinión y se convirtió en un firme defensor del principio antrópico. Insertó en muchas de sus ecuaciones una variable relacionada con esta teoría.

Finalmente, otro famoso físico estadounidense, John Archibald Wheeler, sugirió la teoría del "principio antrópico participativo". Esta es una versión alternativa del fuerte principio antrópico. Wheeler describe su pensamiento así:

> "El universo debe ser tal que permita la creación de observadores dentro de él en una etapa dada de su existencia. Los observadores son necesarios para la existencia del universo, como lo son para su conocimiento. Así, los observadores de un universo participan activamente en su propia existencia ".

El principio participativo es una variante del principio fuerte. Este principio invierte el razonamiento y argumenta que el universo existe porque nosotros existimos.

El astrónomo estadounidense Hubert Reeves describe el principio antrópico de la siguiente manera:

"El principio antrópico se puede formular más o menos de la siguiente manera: dado que hay un observador, el universo tiene las propiedades necesarias para generarlo.

La cosmología debe tener en cuenta la existencia del cosmólogo. Estas preguntas no se habrían formulado en un universo que no hubiera tenido estas propiedades ".

"La melancolía de Haruhi Suzumiya" es una serie de novelas ligeras que fue escrita por Nagaru Tanigawa e ilustrada por Noizi Itō. En 2003 se convirtió en una serie de películas transmitidas en todo el mundo. En esta serie japonesa, el concepto de principio antrópico se describe de la siguiente manera:

"Según esta teoría, observamos el universo, y por esta razón el universo existe. La humanidad, la única vida inteligente en nuestro planeta, ha descubierto las leyes de la física y sus constantes y ha podido describir cómo está hecho el universo. De esta forma, la conciencia de la existencia de la creación y el acto de observarla terminan por coincidir ".

Todas las últimas citas se refieren a un concepto que puede parecer confuso en este momento, el de "observador". El papel del observador se enmarca en el contexto de la física cuántica y es absolutamente crucial.

Hablaré ampliamente sobre esto en los próximos capítulos.

¿Está el hombre realmente en el centro del universo?

Toda la ciencia, desde Kepler en adelante, ha reducido drásticamente las ambiciones de aquellos que colocaron la Tierra en el centro del universo.

El principio antrópico reemplaza la centralidad de la Tierra con la del hombre. Toda creación existe en función del desarrollo de la vida, especialmente de la vida inteligente.

Para todos nosotros es fácil identificar la "vida inteligente" con el "hombre". Cuando hablamos de "hombre", nos referimos a "el habitante del planeta Tierra".

A lo largo de los siglos, esta ambición ha sufrido una reducción infinita. A pesar de esto, no renunciamos a ocupar el papel central que creemos que es nuestro debido a un derecho hipotético superior.

Como ya no podemos poner a nuestro planeta en el centro del universo, ocupamos ese lugar nosotros mismos.

Desafortunadamente, este intento también está destinado a ser mortificado.

El intento sin duda sería legítimo si viviéramos solos en el universo. En cambio, en las últimas décadas, una nueva ciencia está trabajando duro para decepcionar nuestras esperanzas de supremacía universal.

Esta ciencia se llama exobiología.

La exobiología es un campo de la biología que estudia la posibilidad de vida extraterrestre y la naturaleza de esta vida. La exobiología es actualmente un sector especulativo, pero para la mayoría de los científicos es un campo válido de exploración científica.

Se realizaron simulaciones por computadora sobre la posible existencia de procesos vitales en entornos fuera de la Tierra. Estas simulaciones han indicado la posible existencia de formas de vida similares a las nuestras o incluso alternativas. Por ejemplo, puede haber formas de vida basadas en silicio en lugar de carbono.

En el siglo pasado, la mayoría de los científicos intercambiaron risas irónicas mientras escuchaban sobre extraterrestres. Esos tiempos están muy lejos. Actualmente existen proyectos de investigación de la vida en el espacio financiados con millones de dólares por Estados y Organizaciones de diversos tipos. Primero podemos citar el proyecto de escucha de radio astronómica SETI, iniciado experimentalmente en 1960.

SETI (Search for Extra-Terrestrial Intelligence) se lanzó oficialmente en 1974 en Mountain View, California. Este es un programa dedicado a la búsqueda de vida inteligente extraterrestre. SETI se encarga de escuchar y enviar señales de radio a otras civilizaciones.

En la década de 1960 se creó un método para medir la posibilidad de la existencia de planetas habitados por otras civilizaciones. Esta es la "ecuación de Drake". El método lleva el nombre de su creador, Frank Drake, un radioastrónomo estadounidense.

La ecuación de Drake, a menudo también llamada "Green Bank formula", se formuló en 1961. Representa el intento de estimar el número de civilizaciones extraterrestres existentes en nuestra galaxia, la Vía Láctea.

Lamentablemente, los resultados son inciertos debido a la falta de un punto de referencia. La única referencia útil es la existencia de vida en la Tierra. Pero este ya es un buen punto de partida. ¿Por qué la vida debería existir solo en un planeta entre miles de millones?

Aplicando la fórmula, a la luz del conocimiento astronómico actual, las civilizaciones extraterrestres que podrían comunicarse con nosotros serían miles solo en la Vía Láctea.

La fórmula de la ecuación de Drake es la siguiente:

$$N = R * Fp * Ne * Fl * Fi * L$$

donde:

N es el resultado final, ese es el número de civilizaciones extraterrestres presentes hoy en nuestra galaxia.

R es la tasa anual promedio a la que se forman nuevas estrellas en la Vía Láctea.

Fp es el porcentaje de estrellas que potencialmente tienen planetas. Indica cuántos planetas, entre los que giran alrededor de un Sol, estarían en condiciones de albergar formas de vida.

Fl es el porcentaje de planetas tipo Ne en los que la vida se ha desarrollado realmente.

Fi es el porcentaje de los planetas Fl en los que los seres inteligentes habrían evolucionado.

Fc es el porcentaje de civilizaciones extraterrestres capaces de comunicarse.

L es la estimación de la duración de estas civilizaciones evolucionadas, antes de su extinción.

Desde 1961, muchos valores han cambiado en un sentido favorable. El satélite Kepler, después de nueve años de exploración en nuestra vecindad, ha descubierto unos 2600 planetas probablemente habitables. Este es un porcentaje mucho más alto que el estimado en la fórmula.

Recientemente, investigadores italianos han confirmado la existencia de agua en Marte. Este descubrimiento aumenta el optimismo sobre la posibilidad de vida, pasada o futura, en planetas aparentemente deshabitados.

El italiano Claudio Maccone, es un astrónomo, científico espacial y matemático SETI italiano, galardonado con el "Premio Giordano Bruno" en 2002.

Maccone ha actualizado los valores en la fórmula Drake de acuerdo con los parámetros recientes aceptados por SETI. De esta manera, fue posible formular una estimación más precisa de las posibles civilizaciones extraterrestres. Claudio Maccone ha establecido que el número hipotético está entre 0 y 15,785, con un promedio aproximado de 4,590.

Hay un 75% de posibilidades de que estas civilizaciones estén a una distancia entre 1,361 y 3,979 años luz.

Sin embargo, esta es una distancia enorme, que parece excluir cualquier posibilidad de comunicación.

Cooperación de inteligencia

La investigación científica nos ha acostumbrado a progresos increíbles y a hipótesis de ciencia ficción. A menudo, estas hipótesis se convierten en realidad cotidiana en unas pocas décadas o incluso en unos pocos años.

La física cuántica, con experimentos de entrelazamiento, ha demostrado que las partículas elementales pueden comunicarse sin restricciones de tiempo y espacio.

La hipótesis de los "agujeros negros" y la "teoría de cuerdas" son prácticamente campos de estudio vírgenes. A partir de aquí, podrían surgir revoluciones de la época en el desarrollo de las comunicaciones y en la posibilidad de viajar a través de wormholes (túneles espaciales).

Viajando a través de wormholes es posible superar la velocidad de la luz, aprovechando la curvatura del espacio. Las leyes de la relatividad también hacen posible el viaje en el tiempo.

Podemos hipotetizar que dentro de dos o tres generaciones, nuestros descendientes llegarán a conocer otras civilizaciones. Por supuesto, esto solo puede suceder si el hombre no se autodestruye antes de que suceda.

¿Qué pasará cuando nos encontremos con otras civilizaciones? Nadie lo sabe

Ciertamente, la humanidad ha estado formada por exploradores y pioneros, desde que el homo sapiens invadió los territorios de los neandertales. Esta propensión se confirmó cuando los navegantes, que viajaban en pequeñas embarcaciones, fueron más allá de las aguas de océanos desconocidos.

El propósito declarado de las exploraciones fue el deseo de exportar la civilización o el Evangelio. Desafortunadamente, también hubo un propósito no declarado. Este propósito condujo inevitablemente al robo y la explotación. Todas las exploraciones, en realidad, fueron financiadas para lograr ventajas económicas.

Afortunadamente, el tiempo y las revoluciones hicieron posible transformar las poblaciones explotadas en comunidades independientes.

Hay territorios que fueron inicialmente explotados por las potencias europeas. Podemos citar continentes enteros, como Norteamérica o India. Hoy son naciones independientes. Sus poblaciones ya no se consideran inferiores, porque contribuyen al desarrollo de una civilización cada vez más orientada hacia el progreso. La civilización de hoy está inspirada en valores de amistad y fraternidad, a pesar de que a menudo son valores nominales.

¿Con qué espíritu se acercará el hombre terrestre a otras civilizaciones extraterrestres? ¿Lo hará con el espíritu de robo, que siempre ha sido agradable para él? Y estas civilizaciones, muchas de las cuales sin duda serán más avanzadas, ¿cómo se nos acercarán?

Podemos hacer un pronóstico. En los siglos de descubrimientos geográficos, el objetivo era buscar oro, plata y otros materiales preciosos. Hoy, sin embargo, el bien que puede afectar tanto a las civilizaciones extraterrestres como a nuestra civilización es otra: el conocimiento.

El conocimiento es una materia prima que no necesita naves espaciales gigantes para ser transportadas. Además, el conocimiento no pertenece a un solo individuo sino a sistemas completos que trabajan juntos para mantenerlo y aumentarlo. Como resultado, el conocimiento no puede ser extorsionado por la violencia contra las personas.

El intercambio de conocimiento requiere una colaboración consciente y de consentimiento. Este es el tipo de colaboración que probablemente se producirá con las civilizaciones extraterrestres.

Seguramente ya no sucederá que en un viaje de exploración espacial alguien pueda aterrizar en el planeta X regalando espejos y collares a los habitantes. Por supuesto, ni siquiera aceptaríamos esa mercancía reluciente si algún extraterrestre aterrizara en una de nuestras ciudades.

Probablemente, teniendo en cuenta las inmensas distancias, los futuros intercambios solo pueden tener lugar en forma simbólica, a través de la transmisión del pensamiento o con la ayuda de nuevas tecnologías que se desarrollarán.

Es evidente que el tamaño diferente de los planetas, la conformación diferente de la atmósfera y las diferentes condiciones de presión, gravedad, calor, ciclos circadianos y estacionales harán imposible la vida física de otras especies en la superficie de la tierra. Nosotros también tendríamos dificultades para adaptarnos a vivir en otros planetas. Nos estamos dando cuenta de los graves problemas físicos que implican los astronautas, en los viajes muy cortos realizados en nuestro sistema solar.

Un ciclo de adaptación física a las condiciones presentes en otros planetas puede tener lugar solo a través de cientos o miles de generaciones. En ese punto ya no sería posible distinguir entre "nosotros" y "ellos".

En cambio, la información científica puede viajar sin problemas de un planeta a otro.

En última instancia, es probable que, cuando se establezcan contactos con otras civilizaciones, el hombre haga prevalecer su carácter gregario sobre las ambiciones de opresión y robo.

Además, el hombre tiende a ser gregario. Vivimos el gregarismo de manera tan extensa que ya casi no nos damos cuenta. Creamos familias, organizamos grupos de trabajo, comités, consejos y asambleas, nos proporcionamos regulaciones de nuestros condominios, establecemos leyes en ciudades y naciones. Los pueblos y las instituciones supranacionales colaboran en la investigación contra las enfermedades, en el desarrollo de nuevas tecnologías, en la difusión de los valores de la civilización como la protección de los más débiles.

Quizás, si entramos en contacto con civilizaciones extraterrestres, estas civilizaciones nos ayudarán a mejorar enseñándonos fraternidad y colaboración cósmica.

En ese punto, se resolverá la dificultad derivada del principio antrópico. ¿Nació el universo para favorecer solo la vida del hombre en la Tierra?

Probablemente entenderemos que el Universo nació para favorecer cualquier inteligencia, donde sea que esté. Los habitantes de la Tierra y los de un número incalculable de otros planetas establecerán formas de colaboración que guiarán el progreso civil hacia objetivos que actualmente son impensables.

No podemos evitar ver en esto el proyecto de una Mente cósmica. Este proyecto se desarrolla a través de procesos de sincronía dirigidos a un objetivo muy específico: el triunfo de la inteligencia. La inteligencia triunfante podrá comprender, finalmente, la Mente que quería y organizó este proyecto.

La sincronicidad es un proceso que puede afectar a las personas. Las sincronicidades, a través de extrañas coincidencias, sueños, eventos aparentemente desconectados, nos guían hacia un proceso de mejora psíquica.

Pero las sincronicidades también pueden afectar a grupos, comunidades, pueblos. Han interesado civilizaciones enteras. Por ejemplo, Joseph Cambray habla de una sincronicidad que, en pocos años, hizo que la democracia griega floreciera de la nada.

Una sincronicidad involucra a toda la humanidad que ha vivido durante millones de años en el estado bruto de la edad de piedra. En los últimos diez mil años, de repente, la historia de la humanidad ha explotado literalmente al pasar de la edad de piedra a la de los viajes espaciales.

Otra sincronicidad está funcionando para que todas las civilizaciones del universo lleguen a conocerse y entenderse, intercambiando conocimientos entre sí. Al final de este proceso sincrónico, todos los seres inteligentes serán transformados de simples mortales a nuevos dioses.

Creatio ab nihilo

"Toda la materia se origina y existe solo en virtud de una fuerza que hace vibrar las partículas de un átomo y mantiene unido el pequeño sistema solar del átomo. Debemos suponer la existencia de una mente. consciente e inteligente detrás de esta fuerza. Esta mente es la matriz de toda la materia ".

(Max Planck, físico alemán, 1858-1947)

¿Qué evidencia tenemos sobre la inteligencia de la "Matriz Cósmica"?

"Ex nihilo nihil fit" es una forma de hablar del idioma latino que se puede traducir como "De la nada no sale nada". El poeta y filósofo latino Lucrecio expresó este principio en el primer libro de *"De rerum natura"* (I, 149-150):

> "Podemos comenzar diciendo que nada sale
> de la nada, por voluntad divina".

Lucrecio fue un seguidor de la filosofía atomista de Demócrito. Demócrito sostuvo que la materia, en forma de átomos, es eterna. Incluso el químico y biólogo francés Antoine-Laurent de Lavoisier, que vivió varios siglos después, mantuvo un concepto similar:

> "Nada se crea y nada se destruye, pero todo
> se transforma".

Esta declaración apoyaba la ley de conservación de la masa. Posteriormente llegó la confirmación de Einstein, expresada en la fórmula más famosa de nuestros tiempos: $E = mc^2$.

Con esta fórmula se confirma que la masa se puede transformar en energía y viceversa. El principio de que la suma de energía y masa en el universo es constante sigue siendo válido.

La figura 15 propone una "Matriz cósmica" en la que se genera un número infinito de universos. Esta matriz puede ser infinita, porque tiene las mismas características que el pensamiento. La Matriz Cósmica podría albergar un número infinito de universos además del nuestro. Ignoramos la existencia de estos universos, y probablemente continuaremos ignorándolo por la eternidad del tiempo. Por supuesto, el tiempo también es nuestra convención.

He llamado a esta matriz "Mente Universal", un nombre neutral que todos pueden transferir libremente a otros conceptos filosóficos o teológicos, de acuerdo con su cultura y sus creencias.

La pregunta que nos hacemos ahora es si esta Mente universal está limitada a generar pensamientos aleatorios, inconsistentes y sin sentido, o si en cambio sus pensamientos son ordenados y coherentes, es decir, inteligentes.

Según las características de una "mente", tal como la entendemos, ambas posibilidades coexisten.

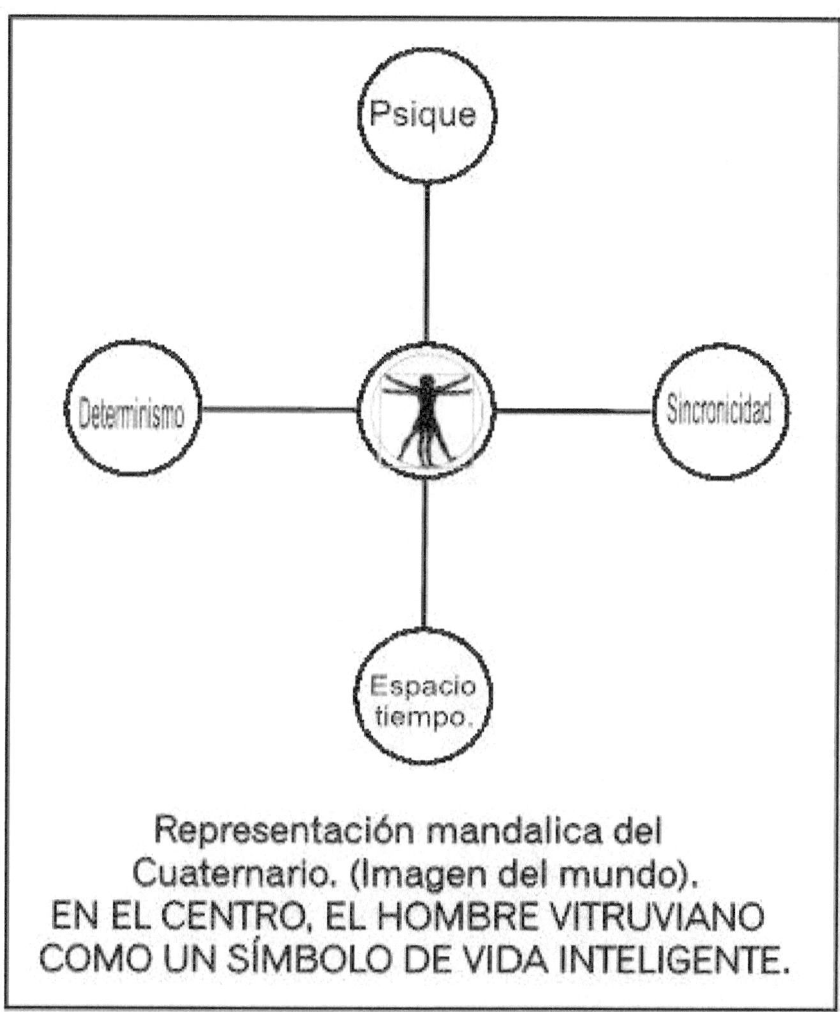

Figura 18 - El diagrama psicofísico de Jung-Pauli representado en forma de mandala. El símbolo de la vida inteligente se coloca en el centro.

Por ejemplo, también nos sucede a nuestra mente desarrollar con el tiempo un proyecto que sea consistente con nuestras intenciones y nuestra creatividad. Del mismo modo, nuestra mente puede perderse en sugerencias, imaginaciones, destellos de luz que se encienden y desaparecen de inmediato, reflexiones y deducciones sin sentido sobre temas que pasan rápido y evasivo.

Esto es ciertamente cierto en los sueños, cuando la mente está libre del condicionamiento de la realidad y puede deambular sin rumbo por los territorios surrealistas. Estos escapes en la irracionalidad suceden y nos involucran a pesar de que somos seres inteligentes.

Sin embargo, la mayoría de las elaboraciones cerebrales de nuestra mente están dedicadas a la planificación e implementación de proyectos coherentes.

En este sentido, ¿es inteligente la Mente Universal?

La Mente Universal diseña universos. Sus pensamientos están dirigidos a crear universos. Sus proyectos son cáscaras de nuez generadas en cantidades infinitas dentro de un espacio infinito de pensamiento.

No sabemos si todos los universos están diseñados de manera inteligente. Es decir, no sabemos si todos los universos se crean con el objetivo de hacer que se desarrollen y evolucionen de manera ordenada hacia un objetivo final.

Ciertamente, sin embargo, nuestro universo tiene este propósito.

Por lo dicho anteriormente, y por todas las razones que justifican la teoría del principio antrópico, nuestro universo nació de un proyecto que proporcionó desde el principio cuáles serían las constantes y las fuerzas naturales que conducirían al desarrollo de la vida.

Estamos aquí, porque la "Mente cósmica" quería que estuviéramos aquí. Con inmensa inteligencia, la Mente ha establecido las condiciones óptimas para que esto suceda.

Pero, ¿existe realmente el universo hecho de materia?

La teoría del Big Bang siempre ha tenido un punto débil en el hecho de que el universo podría haber comenzado desde una singularidad. Es muy difícil imaginar que en el origen del mundo toda la masa y la energía se concentraron en un punto infinitesimal.

Los estudiosos de la cosmología cuántica han presentado una propuesta realmente sorprendente para resolver este problema. Esta es la teoría llamada "universo de energía cero total" (*Total zero energy universe*).

Esta teoría se basa en la hipótesis de que la energía total del universo es igual a cero. En la práctica, la energía positiva debida a la materia estaría exactamente equilibrada por la energía gravitacional negativa. En consecuencia, la energía se cancela por una suma simple. Si sumamos +1 a -1, el total es cero.

En 1973, el físico estadounidense Edward Tyron publicó un artículo en la revista científica "Nature". Tyron argumenta que todo el universo surgió de las fluctuaciones cuánticas en el vacío. Estas fluctuaciones podrían crear pares de partículas y antipartículas.

Stephen Hawking escribe esto en uno de sus artículos:

"En la región del universo que podemos observar hay algo así como 10^{80} partículas de materia. ¿De dónde vinieron? La respuesta es que, en la teoría cuántica, las partículas se pueden crear en forma de pares que consisten en una partícula y su antipartícula. Esto sucede a partir de la energía.

En este punto, sin embargo, surge otro problema. ¿Dónde se originó esta energía? La respuesta es que la energía total del universo es exactamente cero.

La materia del universo está compuesta de energía positiva. Sin embargo, debe tenerse en cuenta que toda la materia es atraída por la fuerza de la gravedad. Dos piezas de material colocadas una cerca de la otra tienen menos energía que dos piezas idénticas colocadas a gran distancia. Esto sucede porque, en el caso de las dos piezas vecinas, se debe gastar energía para mantenerlas separadas contra la fuerza gravitacional que tiende a unirlas. En cambio, en el caso de las dos piezas distantes, la energía necesaria es insignificante. Entonces, en cierto sentido, el campo gravitacional tiene energía negativa.

Si tomamos todo el universo, podemos mostrar que la energía gravitacional negativa total es exactamente igual a la energía gravitacional positiva total. El resultado es que las dos energías se cancelan entre sí, de modo que la energía total del universo es cero ".

En este punto, la declaración de Fracastorio en la " *La cena delle ceneri*" se vuelve actual:

"Nullibi ergo erit mundis. Omne erit en nihilo ".
(Entonces el mundo no existirá. Todo será nada, igual a cero).

Es sorprendente cómo el personaje creado por Giordano Bruno podría tener una intuición tan apropiada.

Según la teoría del "universo de energía cero total", la masa existente en el universo, que tiene un signo positivo, es exactamente igual a su energía gravitacional, que es negativa.

Esto produce un efecto desconcertante, que se puede resumir en dos puntos y una consecuencia:

- La expansión del universo genera un aumento de la gravedad negativa.

- La fuerza de gravedad negativa genera un aumento en la masa de valor positivo. Esto sucede para preservar la igualdad de las dos gravedades.

La consecuencia es esta:

_- La masa se crea espontáneamente a expensas de expandir el universo y aumentar la fuerza de la gravedad negativa.

En conclusión, Edward Tyron argumenta la posibilidad de que la creación del universo comience a partir de las fluctuaciones cuánticas particulares del vacío inicial.

Estas fluctuaciones, como ya se mencionó, generan pares de partículas-antipartículas.

Además, estas fluctuaciones, a partir de una región microscópica, habrían originado pequeñas áreas que no son homogéneas ni estables desde el punto de vista de la relación masa / gravedad.

Estas áreas de inestabilidad, magnificadas por un proceso llamado inflación, han dado lugar a estructuras cada vez más grandes hasta galaxias y cúmulos de galaxias.

En otras palabras, si asumimos la existencia original del vacío cuántico, la formación "ex nihilo" del universo se hace posible y deriva de las leyes naturales.

La pregunta sigue siendo quién habría escrito estas leyes.

También hay otro problema que no podemos resolver aquí. Si la materia y la energía en el universo son cero, entonces la materia y la energía no existen.

Entonces, ¿estamos hablando de un universo o un fantasma?

¿Hay algo que se haya creado "ex nihilo", o es todo una gran ilusión? Quizás todo lo que identificamos como "real" es solo un gran sueño. El hecho es que soñamos.

No localidad, enredo

Desde el punto de vista del sentido común, la electrodinámica cuántica describe una naturaleza absurda.
Sin embargo, está en perfecto acuerdo con los datos experimentales. Por lo tanto, espero que puedas aceptar la Naturaleza por lo que es: absurda.

(Richard Feynman, físico estadounidense)

Einstein y la localidad

Si hay algo que puede molestar a un suizo, que es una persona nacida en la tierra que es, por definición, el hogar de los relojes, es la falta de precisión. Si entonces esta persona se dedica a un trabajo metódico que puede ser el de un empleado de la oficina de patentes, entonces podemos entender su decepción cuando las cosas no funcionan como deberían. Esto es más cierto si esta persona, en su tiempo libre, también es matemático.

Estamos hablando de Albert Einstein. A lo largo de su carrera científica, Einstein solo encontró una cosa que lo hizo irritar: la "indeterminación cuántica". Einstein detestaba de todo corazón la falta de disciplina de las partículas elementales y su característica de evasiva ambigüedad. Einstein detestaba el hecho de que las partículas elementales se niegan a dar a conocer su posición en el espacio y su velocidad al mismo tiempo.

Todo esto fue una bofetada, de hecho, una burla a las buenas y sólidas reglas de la física newtoniana, sobre las cuales Einstein apoyaba su teoría más conocida, la de la relatividad.

Las leyes newtonianas se basan en el "principio de causalidad", también conocido como determinismo. El universo está hecho de materia. En el ámbito de la materia, nada sucede por casualidad, todo sucede como resultado de algo que sucedió anteriormente. La materia atrae y repele, choca, se mueve o permanece inmóvil. En estos movimientos, la materia paga un precio con una moneda llamada energía.

Solo una cierta energía, aplicada aplicada a la materia, da lugar a una acción o una cadena de acciones.

Imagina un partido de fútbol. Hay una bola bien colocada en el lugar en el área de penal, esperando que un jugador la lance hacia la meta. ¿Crees que la pelota se lanzará hacia la meta del oponente sin recibir la patada de un jugador?

Imagine a un golfista que se prepara para golpear la pelota y lanzarla hacia el hoyo. Ese jugador es aparentemente impasible, pero su alma está involucrada en cientos de elaboraciones mentales. Debe calcular con la mayor precisión qué fuerza y qué ángulo debe darle a la pelota para dirigirla hacia el objetivo.

De hecho, nada sucederá por casualidad. La pelota alcanzará exactamente el punto correspondiente al empuje recibido. El éxito del lanzamiento depende solo de dos factores. El primer factor es la precisión de los cálculos realizados por el lanzador. El segundo factor es la capacidad del jugador para transferir los cálculos a su brazo. Imagine que una bola, basada en los cálculos, alcanza hasta un milímetro desde el borde del hoyo. Nunca sucederá que la pelota decida, por iniciativa propia, avanzar un poco más. Ni siquiera los gritos y las solicitudes del público pueden empujar la pelota un milímetro más.

Sabemos cómo calibrar nuestra energía para lograr los resultados deseados, porque sabemos que los objetos responden con absoluta precisión a nuestros "comandos".

Para esto, podemos lanzar sondas en el espacio y podemos hacer que aterricen precisamente en los lugares fijos, ya sea en la Luna o en Marte o en otro lugar.

Recientemente, la Agencia Espacial Europea, con la misión Rosetta, lanzó una sonda espacial exactamente en un cometa en movimiento. Este cometa, conocido como 67P / Churyumov-Gerasimenko, es solo una pequeña piedra con un núcleo de 3 kilómetros de diámetro, que viaja a miles de kilómetros de distancia en el espacio. Lo golpeamos con absoluta precisión.

¿Es la causalidad la base de todas las cosas?

En 1950, Alan Turing escribió esto en su libro *"Calculating machines and intelligence"*:

"Si movemos un solo electrón a una billonésima de centímetro, esto puede producir la diferencia entre dos eventos muy diferentes. Por ejemplo, un año después, ese movimiento puede resultar en la muerte de un hombre debido a una avalancha o su salvación ".

En 1972, Edward Lorentz dio una conferencia titulada "¿Puede un latido de mariposa en Brasil causar un tornado en Texas?" (*Can a butterfly's wing beat in Brazil cause a tornado in Texas?*)

En el mundo científico actual, todo se puede pesar, medir y determinar en el laboratorio. Este mundo se coloca en una dimensión donde el tiempo solo avanza. En este mundo hecho solo de materia, la respuesta a la pregunta de Lorentz podría ser "sí".

De hecho, desde el punto de vista de la física newtoniana, cada evento puede predecirse siempre que pueda medirse. Para hacer posible la medición, las partes en juego deben tener un peso, un tamaño y un lugar en el espacio. Es decir, las partes a medir deben ser materia o tiempo. El tiempo también es medible y predecible.

Sobre el hecho de que una mariposa en Brasil puede causar un tornado en Texas, podemos tener dudas.

Si esto pudiera suceder, solo sería una consecuencia muy indirecta. Sin embargo, esta posibilidad proporciona tantas variables que no se puede calcular incluso con las computadoras más potentes.

En física existe el principio de "localidad", según el cual los objetos distantes no pueden tener influencia instantánea entre sí. Un objeto está directamente influenciado solo por una fuerza colocada en sus inmediaciones. Es necesario tener en cuenta el debilitamiento de la fuerza de gravedad con el aumento de la distancia. Además, una señal enviada de cualquier manera a un objeto distante necesita tiempo para superar la distancia, y la velocidad no puede exceder los 300,000 kilómetros por segundo, es decir, la velocidad de la luz.

Einstein estaba muy preocupado cuando las señales de la existencia de relaciones "no locales" entre partículas elementales comenzaron a llegar desde la física cuántica.

Los problemas que más lo desconcertaron fueron los planteados por el "principio de incertidumbre". (*uncertainty principle*). Este principio, enunciado en 1927 por Werner Heisenberg, representa un concepto fundamental de la mecánica cuántica y constituye una ruptura irreparable con respecto a las leyes de la mecánica clásica.

Heisenberg demostró que no es posible saber simultáneamente y con precisión dos "variables conjugadas". (*conjugate variables*). Por ejemplo, no es posible saber al mismo tiempo la posición precisa de una partícula y su momento o velocidad.

Esto contrasta marcadamente con las demandas de la física clásica. Recuerde que con la física clásica podemos calcular cualquier cosa si conocemos los valores iniciales. Para calcular la trayectoria de una cápsula espacial o una bola de billar, necesito saber exactamente dónde está al principio, qué empuje recibe y a qué velocidad se moverá.

En física cuántica, estos valores nunca están disponibles simultáneamente.

Si medimos la posición y el momento de una partícula al mismo tiempo, los valores obtenidos son absolutamente inciertos. Esta incertidumbre no se deriva de las técnicas de medición, sino que es la consecuencia de la realidad cuántica, que es una "realidad probabilística" (probabilistic reality).

El concepto de probabilismo es claro si volvemos a considerar el experimento de la doble rendija: un fotón lanzado contra la barrera con dos rendijas tiene la probabilidad de cruzar una u otra, por lo tanto, las cruza a ambas.

Solo el observador puede colapsar los diferentes estados probabilísticos en un solo punto. En una situación no observada, existen todos los estados probabilísticos. Hablando de probabilismo cuántico, Einstein pronunció la famosa frase:

"Es difícil echar un vistazo a las cartas que Dios tiene en su mano, pero no puedo creer ni por un momento que Dios juegue a los dados".

Enredo cuántico

La realidad cuántica no cumple con los criterios de la física clásica local, por lo tanto, se llama "no local". En el dominio no local hay eventos y demostraciones que no sufren las restricciones típicas del dominio local. Los eventos de dominio no local no están limitados por tiempo o distancia. En este dominio no hay "ayer y hoy" ni "antes y después". Solo hay "ahora y siempre". Del mismo modo, no hay "alto y bajo", "cerca y lejos", sino solo "aquí y en todas partes".

La confirmación más obvia de la existencia del dominio no local es dada por uno de los experimentos más famosos de física cuántica. Este es el experimento llevado a cabo en 1982 bajo la guía de Alain Aspect, un investigador francés. Este experimento confirmó la teoría del entrelazamiento cuántico y puso fin a un período muy largo de protestas. Las principales tesis opuestas fueron apoyadas por un lado por Niels Bohr, director del grupo de estudio llamado "Escuela de Copenhague" y por otro lado por Albert Einstein.

La característica más sorprendente e intrigante de las partículas subatómicas es la capacidad de intercambiar información instantáneamente entre ellas. En la práctica, la información no pasa a través de un espacio físico para conectar las dos partículas, es decir, no hacen un camino entre una y otra partícula. El nivel no local es puramente psíquico. En el nivel no local, el intercambio de información es como el intercambio de pensamientos.

"Enredar" (*entanglement*) es un término en inglés que significa "tejido". Este término representa el entrelazado que se establece entre dos "partículas correlacionadas" que nacen juntas. (*correlated particles*). Hoy en día, los experimentos de "enredo" no se refieren solo a dos partículas. El entrelazamiento cuántico también se puede lograr entre millones de partículas relacionadas en el laboratorio. No podemos evitar notar que si consideramos el universo como un gran laboratorio, entonces el Big Bang, en su explosión creativa, correlacionó todas las partículas existentes.

El problema que acosa a la física clásica no es el hecho de que se establezca una trama. El verdadero problema es que este entretejido distorsiona todas las leyes de la física clásica, que son los pilares sobre los que descansa la ciencia moderna.

La física clásica establece algunas cosas, que incluyen:

- La realidad es causal y mecanicista: cada acción es la reacción derivada de una acción previa y es la causa de acciones posteriores.

- No se puede superar la velocidad del límite de luz.

- Cada fuerza (gravitacional, magnética, etc.) disminuye en función de la distancia.

- La flecha del tiempo establece una jerarquía rígida en la evolución de cada evento. Lo que sucede primero es la causa de lo que sucede después y lo contrario nunca puede ser cierto.

A nivel de partículas elementales, ninguna de estas reglas vale más.

Comencemos por el hecho de que las dos partículas relacionadas se pueden obtener de varias maneras, pero en cualquier caso tienen "espines" opuestos. Una partícula tiene un giro de "mitad negativa" y la otra tiene un giro de "mitad positiva". El giro es una propiedad similar al sentido de rotación (diestro o zurdo)

Si una de las dos partículas invierte el giro, la otra lo invierte, no de forma inmediata sino simultánea. No importa qué tan lejos estén las dos partículas en el universo. Por lo tanto:

- El límite de velocidad de la luz ya no es válido.

- El principio según el cual las fuerzas se debilitan en función de la distancia ya no es válido.

- Como no hay diferencia de tiempo entre la inversión de las dos partículas, la flecha del tiempo ya no es válida y no hay causalidad.

La primera confirmación práctica se produjo en el experimento realizado por Alain Aspect en 1980-1982. Más tarde, el experimento se confirmó cientos o quizás miles de veces.

Todo es uno en la dimensión no local.

De este experimento surge una pregunta que, por el momento, no tiene respuestas.

¿Cómo sabe una partícula, incluso colocada a una distancia astronómica, que la otra está cambiando el giro?

Podemos imaginar que la partícula B nota el cambio de la partícula A DESPUÉS de que ha sucedido. No es asi.

De hecho, la partícula B lo sabe al mismo tiempo, y las dos partículas cambian simultáneamente el espín.

Las dos partículas se comportan como si fueran una sola partícula, es decir, como si estuvieran unidas en el mismo lugar.

¿Qué información coordinaron las dos partículas?

¿A través de qué campo viajó la información para coordinar las dos partículas?

Es necesario hipotetizar un campo, que es un espacio imaginario, que no está hecho de materia sino solo de energía e información. De hecho, este es un espacio psíquico.

¿Es acaso el mismo espacio que Platón llamó "Mundo de ideas" y que Carl Jung más tarde llamó "Inconsciente colectivo"? (World of ideas, Collective Unconscious).

Es el espacio llamado no localidad, porque no se puede colocar en ningún lado, pero está en todas partes. Conecta todo el universo, de modo que cada parte del universo está inmerso en este nivel de energía e información. El universo entero contiene solo una energía y una información única. Todo el universo es uno.

En este nivel no local, donde no hay espacio ni tiempo, toda la información del universo impregna nuestra conciencia

Es la información que Jung llamó "arquetipos". Las sincronicidades también surgen en la no localidad. Las sincronicidades fluyen hacia nuestra conciencia y generan todas las curiosas coincidencias de las cuales somos protagonistas, los presentimientos, las intuiciones espirituales. Las sincronicidades son ventanas abiertas a espacios del espíritu.

El alma existe

*Solo el viajero que ha vagado en su infinito mundo
interior puede acercarse al Alma.
Así descubrirá que durante años no ha hecho nada
más que buscar el Alma, ya que el alma está detrás y
dentro de todo.*
(Carl Gustav Jung)

Eres una pequeña alma cargando un cadáver
(Epicteto, filósofo griego)

La agregación de la materia.

Toda la materia en el universo está compuesta de partículas. La forma en que nos aparece la materia está determinada por la forma en que están dispuestas las partículas, que están unidas por fuerzas atractivas. La atracción mutua de las partículas se contrasta porque las partículas mismas están en un estado de agitación perpetua. El estado de agregación de la materia depende de la resultante de estas dos tendencias opuestas: atracción y agitación.

Existen principalmente tres estados de la materia: sólido, líquido y gaseoso.

Los materiales de estado sólido tienen su propia forma y volumen. En los sólidos, las moléculas están unidas entre sí por fuerzas intensas y ocupan posiciones que, en promedio, están fijadas entre sí. La estructura rígida de la materia sólida se deriva de la disposición ordenada y compacta de las partículas.

Incluso los materiales líquidos tienen su propio volumen, pero toman la forma del recipiente que los contiene. Las partículas de líquidos pueden fluir unas sobre otras, porque su energía cinética logra superar, en parte, las fuerzas de atracción.

En el estado gaseoso, las partículas están distantes entre sí y están en un estado de desorden. No tienen volumen propio. Están libres de obstáculos y tienden a expandirse ocupando todo el espacio disponible. En los gases, las fuerzas de atracción entre las moléculas individuales son débiles.

El estado de agregación no es una característica fija en una sustancia: por ejemplo, el agua puede asumir el estado sólido (hielo), líquido o gaseoso (vapor de agua). Cada sustancia puede cambiar su estado. Cuando esto sucede, la sustancia absorbe o libera energía en forma de calor.

Los átomos que constituyen la materia no tienen edad; pueden pasar de una sustancia a otra, de un cuerpo a otro y de un organismo a otro.

Quien dice "Somos hijos de las estrellas" dice una gran verdad. Los átomos de nuestro cuerpo existieron mucho antes que nosotros. A nuestra muerte, estos átomos serán reciclados en otras manifestaciones de materia, biológica o no.

Durante nuestra vida, ciertamente respiramos al menos una molécula de aire respirada por personajes históricos famosos como Tutankamón o Marylin Monroe.

Figura 19 - Algunos estudiosos que han contribuido a una visión espiritual y no exclusivamente materialista de la ciencia.

La gran variedad de formas y colores con los que el material aparece a nuestros ojos se debe al hecho de que los átomos pueden unirse de muchas maneras y pueden formar estructuras más grandes y complejas.

La materia se agrega en formas coherentes y finalizadas.

Los átomos se agregan para formar moléculas. Las moléculas se agregan para formar cuerpos de todo tipo, desde "Amoeba Proteus" hasta la galaxia de Andrómeda. La primera observación que surge de manera espontánea es esta: tanto la ameba extremadamente pequeña como la Andrómeda extremadamente grande contienen un orden maravilloso que hace posible su existencia.

Si la ameba no tuviera forma de alimentarse y reproducirse, y si algún valor básico de la galaxia no fuera exactamente como es, ninguno de los dos existiría.

Todo esto se da por sentado de manera trivial, pero la pregunta que nadie sabe cómo dar una respuesta coherente es: ¿por qué la materia se une exactamente así?

La física clásica proporciona una respuesta aparentemente elemental: la materia se agrega de esta manera porque hay leyes que producen espontáneamente estas agregaciones.

Esta respuesta no hace más que mover el problema aún más: ¿por qué existen estas leyes y no otras?

Hablando del principio antrópico, recordamos los primeros pasos de la evolución del universo.

Solo 200 segundos después del Big Bang, el helio comenzó a formarse a partir de la fusión de pares de átomos de hidrógeno, y el berilio nació de la fusión de dos átomos de helio.

El siguiente paso fue la fusión de átomos de berilio con átomos de helio, y esto condujo al nacimiento del átomo de carbono. Como esto era inestable, se desarrolló un proceso que lo hizo estable. Finalmente, la explosión de las estrellas permitió que el carbono llegara a todos los planetas, y en particular a la Tierra, donde se convirtió en la base de la vida.

Cada agregación proviene de un proyecto

¿Por qué los átomos y las moléculas se agregan para formar el cuerpo de la ameba, completamente funcional en todos los aspectos? ¿Por qué se agregan otros átomos para formar el cuerpo de una mosca, un delfín o un elefante?

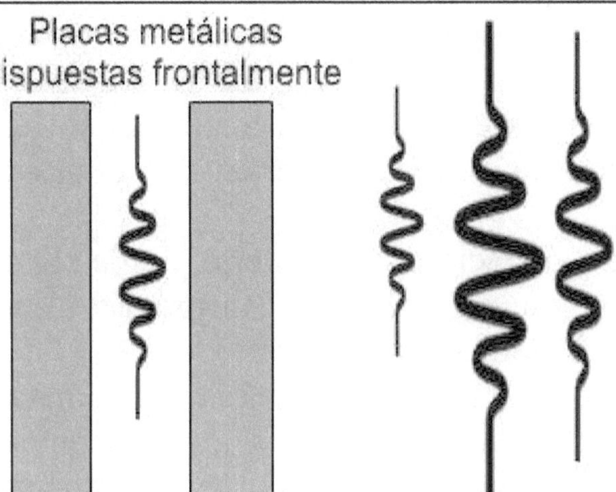

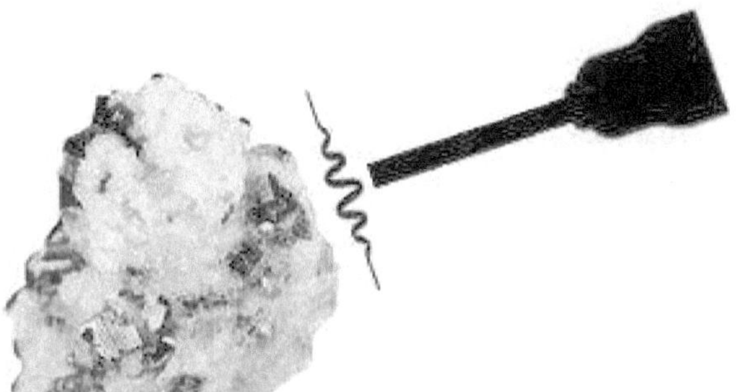

Figura 20 - La atmósfera cuántica de Frank Wilczek. Los materiales producen un aura medible.

Si todo se debiera al azar, habríamos tenido muy pocas agregaciones perfectamente funcionales y una gran cantidad de agregaciones irracionales. Pero, ¿dónde están todas estas otras formas aleatorias de agregación? ¿Dónde están los elefantes con tres patas y siete ojos? ¿Dónde están los bueyes cubiertos de plumas con tres colmillos?

Todas las agregaciones de materia, desde el comienzo del universo, están guiadas por un proyecto inteligente que trasciende la materia.

El proyecto, de hecho, existe antes que la materia y no deriva de la evolución, sino que lo acompaña. La evolución representa el libre albedrío de la criatura que se determina por acuerdo con el diseñador.

Atmósferas cuánticas

Algunos físicos, que estudian partículas elementales, han llegado a una conclusión sorprendente. Si consideramos un conjunto de protones, neutrones o electrones, en algunos casos su suma es mayor que la suma de las partes individuales. Hay algo más que eso y no sabemos qué es.

Frank Wilczek, físico en el MIT y Premio Nobel de física 2004, junto con Qing-Dong Jian, de la Universidad de Estocolmo, publicó recientemente un artículo increíble en la web. En el texto afirman haber sondeado una especie de "aura" que rodea los materiales. Los dos científicos llamaron a esto "atmósfera cuántica".

La atmósfera cuántica se puede medir. En esta atmósfera podemos detectar algunas características de los materiales que antes eran desconocidos. Wilczek explica que:

"La atmósfera cuántica es un área sutil de influencia alrededor de un material".

Según la mecánica cuántica, el vacío no está completamente vacío, sino que está lleno de fluctuaciones cuánticas. Como se mencionó en los capítulos anteriores, los pares de partículas y antipartículas pueden surgir de las fluctuaciones cuánticas del vacío. Estas parejas habrían sido la causa de la formación del universo.

Wilczek da este ejemplo:

- Tomamos dos placas de metal cargadas eléctricamente y las colocamos juntas en el vacío.

- Pueden ocurrir fluctuaciones cuánticas entre estas dos placas

- Obviamente, estas fluctuaciones tienen una longitud de onda más pequeña que la distancia que separa las dos placas.

- Fuera de las placas, sin embargo, pueden ocurrir fluctuaciones de cualquier longitud de onda.

- Como resultado, la energía externa es mayor que la interna. Las dos placas se acercan entre sí.

Este es el efecto Casimir, que es algo así como la atmósfera cuántica (figura 19 anterior).

De la misma manera que una placa sufre una fuerza que la hace acercarse a la otra placa, una sonda y un material pueden registrar el mismo efecto. La sonda funciona como una segunda placa. Además, la sonda puede medir la diferencia de fuerza. Esta diferencia de fuerza, o "aura", generada por las fluctuaciones cuánticas, se denomina atmósfera cuántica.

Una vez más, hay nuevas adquisiciones científicas que resaltan aspectos sorprendentes de la realidad.

Esto confirma dos verdades:

- La física cuántica es algo absolutamente extraordinario.

- Nuestro nivel de comprensión de esta rama de la ciencia sigue siendo absolutamente irrelevante.

Nosotros mismos estamos involucrados en esta realidad, pero no nos damos cuenta. Esto depende del hecho de que nuestros sentidos no pueden interactuar con la realidad cuántica: la vista, el oído, el tacto, el gusto y el olfato no están dimensionados para percibir lo extremadamente pequeño. Pero tenemos otros sentidos, como la intuición, la inteligencia y la tendencia natural hacia las realidades místicas y espirituales.

Estos sentidos, que no están relacionados con la materia, pueden guiarnos a la comprensión de los secretos inherentes a los niveles más profundos del universo.

La teoría de la atmósfera cuántica prevé la existencia de un componente externo a la materia, y esto es bastante sorprendente.

Sin embargo, hay estudios de científicos conocidos que confirman la existencia de algo aún más sorprendente.

Estos estudios confirman sobre una base científica la existencia de un componente externo al hombre: la conciencia o el alma. Esto es algo que nuestros sentidos espirituales siempre han entendido.

Los científicos prefieren hablar de "conciencia" en lugar de "alma". La conciencia se define como "la facultad inmediata de advertencia, comprensión, evaluación de los hechos que ocurren en la esfera de la experiencia individual o que aparecen en el futuro".

En el pensamiento común, la conciencia es la evaluación moral de la propia acción. Por ejemplo, a menudo decimos "actuar según la conciencia".

En cambio, "alma" es una palabra utilizada en muchas religiones, tradiciones espirituales y filosofías. En estas áreas, el alma representa la parte eterna y espiritual de un ser vivo. Por lo general, el alma se considera distinta del cuerpo físico. En algunos casos se cree que el alma pertenece a los hombres, pero no a los animales.

Desde la era moderna, el alma se identifica progresivamente con la "mente" o "conciencia" de un ser humano.

Por lo tanto, la conciencia y el alma deben indicar lo mismo. Sin embargo, el término "conciencia" se refiere a un componente que el hombre posee independientemente de las entradas externas. Esta es una propiedad absolutamente personal.

En cambio, el término "alma" ha experimentado un condicionamiento cultural madurado durante milenios. Sobre la base de estos condicionamientos, el término "alma" se refiere instintivamente a algo que se nos da bajo la custodia de una "Realidad superior". Esta es una asignación temporal. Al final de la vida tendremos que devolver el alma, posiblemente mejorada. .

De hecho, la conciencia y el alma pueden representar exactamente lo mismo.

Esto es especialmente cierto si consideramos que la conciencia, según los estudios recientes de dos científicos muy famosos, es algo que sobrevive al cuerpo. El cuerpo, cuando muere, desaparece en descomposición. En cambio, la conciencia que se ha formado junto con ese cuerpo permanece en el universo.

¿Qué nos hace conscientes?

La naturaleza de la conciencia es un gran misterio que aún no se ha resuelto. Hay un gran debate en curso.

Las tesis son principalmente dos.

La primera tesis, que podemos definir materialista, afirma que la conciencia es solo un subproducto de los procesos químicos que se desarrollan en el procesamiento del cerebro. Según esta tesis, la conciencia también podría crearse con procedimientos mecánicos, por ejemplo, con una computadora.

Sin embargo, se ha demostrado, sobre la base del teorema de incompletitud de Gödel, que nuestro cerebro puede realizar funciones que no son comparables a la lógica formal. Ninguna computadora puede reproducir tales funciones. En consecuencia, la hipótesis de un software capaz de funcionar como conciencia puede ser completamente excluida.

La segunda tesis tiene una orientación más espiritual. Esta tesis sostiene que la conciencia deriva de algunas características que se refieren al cerebro, pero que tienen orígenes y destinos fuera del cerebro. El alma nace fuera del hombre y acompaña al hombre en existencia, pero no muere con el hombre. En el universo, además de la materia, hay una "sustancia" que se dispersa en las mentes de los seres vivos. Es decir, el universo mismo es un "Espíritu" o "Conciencia universal". Las conciencias o almas de los seres vivos derivan de este "Espíritu del universo". A la muerte de un ser, la conciencia, o alma, vuelve al Espíritu universal del que proviene.

La física cuántica y el alma.

Dos científicos de renombre internacional se encuentran entre los defensores de la tesis de un alma o conciencia que sobrevive al cuerpo.

Durante más de veinte años, un médico y un físico teórico se han dedicado a estudios profundos para tratar de comprender qué es la conciencia. Según los últimos hallazgos de sus estudios, los dos científicos creen que están en el camino correcto para desentrañar el misterio.

Uno de los dos científicos es Roger Penrose, un matemático, físico y cosmólogo británico (figura 19). Es conocido por su trabajo en el campo de la física matemática, en particular por sus contribuciones a la cosmología. Penrose nació en 1931 en Colchester, Reino Unido, por lo que en el momento de publicación de este libro tenía 87 años.

Penrose es profesor emérito de la Universidad de Oxford, ganó el Premio Wolf de Física, la Medalla Copley, la Medalla Eddington, la Medalla Einstein y muchos otros honores importantes. Además, Penrose fue un teórico de los agujeros negros con estudios realizados junto con Stephen Hawking. Para sus estudios, Penrose fue nominado para el Premio Nobel en 2008. Pasó gran parte de su vida en el desarrollo de fórmulas matemáticas capaces de revelar los misterios del universo, incluida la conciencia humana. No es irrelevante notar que Penrose es un ateo convencido.

En 1989, Penrose publicó el exitoso libro "The emperor's new mind". En este libro, afirma que la inteligencia artificial promete darle a la humanidad una "nueva mente", que será profundamente diferente de la mente del hombre biológico. En el mismo libro, argumenta que la conciencia puede originarse a partir de fenómenos cuánticos particulares que tienen lugar en las neuronas cerebrales.

Recientemente, Roger Penrose y Stuart Hameroff publicaron un artículo en "Physics of Life Reviews". En el artículo, los autores exponen nuevas pruebas en apoyo de la teoría cuántica sobre la conciencia humana.

Stuart Hameroff (figura 19) es un anestesiólogo estadounidense, nacido en Buffalo en 1947. Actualmente es profesor en la Universidad de Arizona. Hameroff ha desarrollado nuevas teorías sobre los mecanismos que rigen el funcionamiento de la conciencia humana.

Al comienzo de su carrera profesional, Hameroff dedicó sus estudios a las neoplasias y los mecanismos relacionados con el funcionamiento de los gases anestésicos. Luego investigó el papel desempeñado en la división celular por las estructuras de proteínas llamadas "microtúbulos".

Durante estos estudios, Hameroff planteó la hipótesis de que los microtúbulos son capaces de realizar operaciones similares a los cálculos matemáticos. Por lo tanto, según este científico, los microtúbulos tienen una forma de "conciencia" capaz de guiar e inspirar su actividad.

Después de este hallazgo, fue fácil establecer un vínculo entre comprender el fenómeno de la conciencia y comprender el comportamiento de los microtúbulos en las células cerebrales. Establecer una conexión científica significa comenzar un estudio.

De hecho, los microtúbulos realizan funciones de considerable complejidad a nivel molecular y supramolecular. Hameroff concluye que en las operaciones celulares pueden realizarse cálculos suficientes para hablar de "conciencia". De hecho, la ejecución de un cálculo implica obtener un resultado y esto es equivalente a una elección.

Hameroff presentó estas teorías en su libro de 1987 "Ultimate Computing". El texto del libro se puede descargar (en inglés) del sitio web del autor en la dirección:

www.quantumconsciousness.org/ultimatecomputing.html

Penrose y Hameroff, combinando sus respectivas competencias, han continuado juntos el estudio del fenómeno de la conciencia desde el punto de vista de la microbiología y la física cuántica.

El artículo de Penrose y Hameroff publicado en "Physics of Life Reviews" respalda la hipótesis de que la conciencia se basa en las fluctuaciones cuánticas que ocurren en los microtúbulos dentro de las neuronas cerebrales.

Además, estas fluctuaciones se han observado realmente y pueden estar relacionadas con algunos ritmos electroencefalográficos específicos que no se habían explicado hasta ahora.

En el artículo, Penrose niega sus críticas, ya que todas las predicciones hechas en base a su teoría han sido confirmadas por las observaciones. Además, Penrose señala que su teoría puede considerarse compatible con las dos grandes tesis presentes en el debate sobre la conciencia.

La teoría de Penrose y Hameroff es compatible con las afirmaciones de quienes creen que la conciencia es solo un producto de la evolución. Al mismo tiempo, la teoría es compatible con la tesis de aquellos que dicen que la conciencia es una propiedad del Universo distinto y preexistente del hombre.

Los dos investigadores elaboraron la "teoría cuántica de la mente", también llamada "Orch-OR". Según esta teoría, la conciencia es una onda que vibra en el vasto universo subatómico.

Los microtúbulos del cerebro actúan como computadoras cuánticas, reciben vibraciones y las hacen utilizables. En la práctica, los microtúbulos producen el colapso del contenido probabilístico de la onda de conciencia. Los microtúbulos desempeñan el papel de "observadores" y transforman las probabilidades contenidas en las vibraciones en "opciones" u "elecciones" bien definidas.

Penrose escribe así:

> "... es el colapso cuántico lo que causa la conciencia. Quizás el mismo colapso es la conciencia ".

Para dar un ejemplo. Imagine tener que decidir si debemos movernos hacia la derecha o hacia la izquierda. Según algunos físicos teóricos, cuando nos movemos hacia la derecha, la realidad alternativa del cambio hacia la izquierda se derrumba en la hipótesis de un cambio hacia la derecha.

En el caso en cuestión, la conciencia es un registro cuántico en el que se observan todos los colapsos, es decir, todas las elecciones. Este registro nunca se elimina. La suma de las opciones contenidas en el registro es la conciencia.

Los dos científicos definen la "conciencia" como el resultado de procesos cuánticos que sobreviven al cuerpo al morir. Esta definición encaja perfectamente con el concepto de "alma".

La conciencia tiene contenido psíquico y absolutamente inmaterial. Aunque se genera en el contexto físico de los microtúbulos, la conciencia es la condensación psíquica de las fluctuaciones y colapsos cuánticos.

Dado que los colapsos cuánticos son elecciones, la conciencia o el alma serían el registro y la suma de las elecciones hechas en la vida. La conciencia está destinada a sobrevivir al cuerpo por la eternidad.

Hay una consecuencia no secundaria de esta teoría. Toda criatura biológica con cerebro o sistema nervioso que contiene microtúbulos tendría un alma capaz de sobrevivir para siempre. El alma ya no sería exclusiva del hombre. Sin embargo, si bien las elecciones humanas pueden estar relacionadas con el libre albedrío, las elecciones de los animales podrían estar relacionadas solo con el instinto.

Colapso de las ondas cuánticas

Cada vez más hablamos de computadoras cuánticas. Esta puede ser la ocasión para explicar una aplicación práctica del colapso de la función de onda.

Una computadora común, como la que estoy usando para escribir este texto o como la que seguramente cada uno de ustedes usa con mayor o menor frecuencia, tiene una memoria que ahora se mide en miles de millones de bits.

Un Gigabit, medida ordinaria de memoria, corresponde a 8,589,934,592 bits. El progreso ha sido enorme en algunas décadas. Si alguien, como yo, se encuentra utilizando una de las primeras computadoras portátiles, la ZX80, construida en 1980 por Sinclair Research por Clive Sinclair y basada en el microprocesador NEC μPD780C-1 con reloj a 3.25 MHz, recordará muy bien que su la memoria era de 800 bits, es decir, 30 o 40 millones de veces menos potente que una tableta actual. Sin embargo, con el ZX80 podrías hacer grandes cosas.

A partir de ese momento, el principio subyacente al funcionamiento de la memoria permaneció igual: los datos se almacenan en forma de bits, es decir, cero o uno.

La memoria de cada computadora no es más que un gran depósito de estos dos dígitos, 0 y 1.

En una computadora cuántica, por otro lado, la memoria no contiene bits sino qubits. La diferencia es significativa. En las computadoras tradicionales, un bit solo puede ser 0 o solo 1. En cambio, en una computadora cuántica un qubit puede ser 0 y 1 al mismo tiempo. La información existe "en estados superpuestos", es decir, funciona como una onda de probabilidad. Los qubits permanecen "indecisos" en el doble estado de 0 y 1. Cuando se observan, colapsan y asumen definitivamente uno de los dos valores posibles.

En otras palabras, la computadora cuántica puede procesar simultáneamente muchas soluciones a un solo problema, en lugar de repetir el cálculo muchas veces buscando una mejor solución. Dos qubits pueden tener 4 estados al mismo tiempo, 4 qubits tienen 16 estados, 16 qubits tienen 256 estados y así sucesivamente.

En este momento, los "estados" disponibles al mismo tiempo todavía son pocos, pero la investigación se lanza hacia el diseño de computadoras basadas en miles de qubits. Este objetivo haría incalculable la cantidad de operaciones realizadas por una computadora al mismo tiempo.

En marzo de 2018, "Google Quantum AI Lab" presentó el nuevo procesador Bristlecone de 72 qubits.

Neuronas tipo Qubit

Esta diversidad de funcionamiento, entre la computadora tradicional y la computadora cuántica, se remonta al cerebro. Se cree comúnmente que el cerebro funciona mediante interacciones entre neuronas, como si fuera una computadora tradicional. Cada neurona puede corresponder a uno o cero. Hameroff escribe así:

"La mayoría de las personas saben que poseen cien mil millones de neuronas. En consecuencia, piensan que las conexiones son suficientes para permitir la existencia de la conciencia.

Estas personas consideran la neurona como un interruptor que se apaga o enciende, por lo que puede estar en el estado Cero o Uno. Esto es un insulto a la neurona misma. Solo piense que una sola célula como el paramecio nada, encuentra comida, tiene la capacidad de aprender, encuentra una pareja. Si un simple paramecio puede ser tan inteligente, ¿es posible que una neurona sea tan estúpida? ¿Es solo una cuestión de encender o apagar? Creo que estas personas no consideran lo que sucede dentro de la neurona ".

La investigación de Hameroff se centra en los microtúbulos, organismos absolutamente complejos alojados en las neuronas. Gracias a esta ubicación, los microtúbulos responden instantáneamente a lo que sucede en la mente construyendo y descomponiendo continuamente estructuras complejas.

Por ejemplo, los microtúbulos supervisan la reorganización y la clasificación del ADN durante la división celular. Este es uno de los procesos más complejos en la naturaleza. Considere el hecho de que cualquier error puede causar malformaciones.

Todas estas consideraciones hicieron que Hameroff planteara la hipótesis de que la conciencia se puede colocar directamente dentro de los microtúbulos.

Hameroff define los microtúbulos de la siguiente manera:

"Los microtúbulos son un puente entre la mente y el cuerpo. Transmiten el colapso de la onda desde la microescala al cuerpo humano a través de efectos cuánticos, es decir, a través de ese conjunto de fenómenos que ocurren solo en una escala subatómica ".

Aunque Penrose carece de orientaciones religiosas, plantea la hipótesis con Hameroff de que la conciencia cuántica de cada ser vivo es independiente del cuerpo mismo y puede sobrevivir a la muerte física del individuo.

Podemos decir, citando a la poeta italiana Silvana Stremiz:

"Hay un lugar" sagrado "llamado alma, donde todo lo que importa está grabado indeleblemente. Las palabras, los gestos y los pensamientos son fotografiados para la eternidad ".

Después de la muerte, la conciencia cuántica puede disfrutar de una existencia infinita, ya que la información cuántica obedece a la ley de conservación de la energía y, por lo tanto, no puede destruirse.

Penrose y Hameroff proponen la "teoría de la conciencia cuántica", tratan de explicar las experiencias en los límites de la muerte, la llamada NDE (Near Death Experience).

Los dos científicos monitorearon personas cerca de la muerte. Las observaciones mostraron que los microtúbulos en el cerebro de personas cercanas a la muerte mostraron la pérdida de una "sustancia". Esta sustancia no se degrada, sino que se dispersa fuera del cuerpo. De hecho, en casos de "despertar", la sustancia regresa dentro de los microtúbulos.

Ángeles, demonios y almas de los muertos.

Al final de este capítulo podemos hacer algunas consideraciones metafísicas.

En la actualidad la situación es esta. Aunque el alma está vinculada a un cuerpo y proviene del propio cuerpo, en efecto no es de naturaleza física y quizás ni siquiera tiene una naturaleza psíquica, sino que tiene una naturaleza cuántica.

Si estos estudios finalmente confirman la existencia de una conciencia o alma que sobrevive al cuerpo, podríamos preguntarnos sobre la naturaleza de esta alma.

El alma sería el resultado de todos los procesos de decisión cuántica, es decir, de todas las reacciones infinitas de colapso cuántico generadas por las elecciones realizadas por el individuo durante su existencia. El alma en realidad sería el resultado de todas las acciones realizadas en la vida. Todas las acciones del individuo serían catalogadas y registradas en una nebulosa hecha de fluctuaciones cuánticas.

La pregunta que surge es esta: ¿cuántas de estas "nebulosas cuánticas" viven a nuestro alrededor? La respuesta es simple: un número incalculable.

Esta simple afirmación deja en claro cuán profundo e insondable es el misterio de las almas.

¿Es posible que estas mismas nebulosas formen la nebulosa más grande que Jung llamó el inconsciente colectivo? De hecho, Jung especuló precisamente eso. Según la teoría junguiana, el inconsciente colectivo contiene la experiencia de toda la humanidad previamente experimentada.

Esta observación hace que el concepto de inconsciente colectivo que podría parecer uniforme, gris y anónimo sea más familiar. El inconsciente colectivo está vestido con un precioso disfraz, que es el recuerdo de las personas conocidas. No solo las personas que vivieron hace diez mil años, sino también las personas más cercanas a nosotros, las que hemos conocido en nuestras vidas.

Para concluir, no podemos evitar formular algunas hipótesis.

Quizás incluso los ángeles y los demonios podrían salir del rincón de los mitos para convertirse en existencias reales. Quizás los ángeles y los demonios son condensaciones cuánticas deseadas por la Mente universal sin la necesidad de atravesar un cuerpo.

Y finalmente, una hipótesis bastante inquietante. Si realmente las almas de los muertos son la agregación de todas las fluctuaciones cuánticas de su vida, entonces son "información". Quizás, en un futuro que no sabemos cuán cercano o distante será, ¿podría la tecnología desarrollar herramientas para interceptar y decodificar esta información?

Es decir, ¿no será posible comunicarse con las almas de los muertos? ¿No será posible dialogar con su conciencia, incluso si estuviera dispersa en el nivel no local de un cosmos actualmente insondable?

Si esto sucediera, sería posible descubrir muchas verdades que ya habíamos renunciado. Descubriremos los nombres reales de muchos asesinos, los escondites de muchos tesoros, las razones detrás de tantas acciones incomprensibles. Descubriremos el arrepentimiento extremo de los héroes y la extrema cobardía de los valientes.

Podríamos hablar con las personas que nos eran más queridas, para decirles las palabras que nunca habíamos podido decir durante la vida.

Hay un gran problema ¿Esta tecnología, si alguna vez se pudiera realizar, sería moralmente sostenible? ¿No sería correcto dejar que estas almas descansen en paz en su eternidad? Creo que siempre habrá algunas leyes del universo, deseadas por la Gran Mente, que evitarán que esto suceda. Pero, por supuesto, nadie puede establecer qué es el Bien o el Mal, fuera de los estrechos límites de su experiencia. Quizás los conceptos de Bien y Mal se conjugan de manera diferente o dejan de existir en la inmensa Mente del cosmos.

A la pregunta de si alguna vez podemos ver, conocer y conocer todas las almas de los muertos, podemos responder con las palabras de Buda:

"¡Si las Almas de todos los seres vivos del Cosmos estuvieran unidas, Dios aparecería allí!"

Descubrir el misterio del alma significa penetrar el misterio de Dios.

Inconsciente colectivo y arquetipos

Todos los estudios, teorías y confirmaciones científicas recién citadas sugieren que debe haber una Mente del Universo, o tal vez una Mente Cósmica que supervise y guíe muchos universos.

¿Podemos participar en esta inteligencia? ¿Y cómo podemos participar?

Hablé antes de las agregaciones inteligentes de la materia. Ahora debemos preguntarnos si las agregaciones psíquicas son posibles.

La respuesta más creíble probablemente ya se nos haya dado en el siglo pasado, con las teorías del inconsciente colectivo y la sincronicidad elaboradas por Carl Jung.

La sincronicidad es un fenómeno generalizado que todos podemos presenciar. La sincronicidad es un vínculo misterioso que une dos o más hechos, que normalmente estarían desprovistos de cualquier conexión.

Esto significa que falta la "aleatoriedad" entre los enlaces tomados en consideración. Por lo tanto, el fenómeno no puede ser científicamente enmarcado.

La ciencia actual se basa en el principio de causa y efecto: pase lo que pase, sucede porque otro hecho lo ha causado. Es decir, un agregado de materia (piedra, árbol, persona) puede ser el protagonista de una acción que posteriormente genera otra acción, y así sucesivamente. Es un ciclo que nace de la colaboración entre materia y tiempo.

La sincronicidad no necesita materia ni tiempo. En una sincronicidad, las cosas suceden sin ninguna conexión lógica. Dos hechos absolutamente desconectados entre sí se vuelven sincrónicos cuando el protagonista les da un significado. Los hechos no están conectados por ninguna causa, pero para el protagonista hay una conexión muy evidente. Los hechos están conectados, pero solo en la psique del protagonista.

En sus estudios, Jung considera los hechos que van más allá de los límites de las estadísticas como sincrónicos, es decir, los hechos que ocurren en cantidades mayores de lo que se esperaría si fueran simples "casos".

¿Pero dónde nacen las sincronicidades? ¿Cómo puede ser posible que veamos a una persona olvidada en un sueño y al día siguiente nos encontremos con esa persona en la calle?

Jung ha teorizado la existencia de un inconsciente colectivo, que es un "espacio" universal y común al que todos estamos conectados.

Cada vez que una necesidad, una duda, un momento de sufrimiento particular en nuestras vidas reducen nuestros niveles de guardia psicológica, nos abrimos a todas las fuentes posibles de ayuda. Ese es el momento en que el inconsciente colectivo puede intervenir.

Se deduce que los fenómenos de sincronicidad no siempre ocurren. En general, estos fenómenos ocurren cuando los necesitamos.

Pero también hay una conexión más alta: los "mensajes" provienen del inconsciente colectivo para guiar a toda la humanidad hacia niveles más altos de conocimiento. Según Jung, el inconsciente colectivo contiene la experiencia de toda la humanidad vivida antes que nosotros.

No estamos expresando conceptos religiosos. Incluso la física cuántica actual, frente al comportamiento de las partículas elementales, reconoce la existencia de una "guía" del universo.

Hay un espacio psíquico, llamado "no localidad", donde las cosas no suceden debido a un juego de causa y efecto.

En el nivel subatómico hay comportamientos que parecen imposibles porque van más allá del condicionamiento de la física clásica.

Las extrañas coincidencias

Las extrañas coincidencias son experiencias tan comunes que nadie duda de su existencia. Carl Gustav Jung habla de ello con un ejemplo:

"Me doy cuenta de que mi boleto de tranvía tiene el mismo número que el boleto para el teatro comprado un poco antes. Durante la misma tarde recibí una llamada telefónica en la que alguien menciona ese mismo número. Me parece que una relación casual es muy poco probable ".

También hay coincidencias menos llamativas que, sin embargo, nos sorprenden porque las consideramos casi imposibles de vincular.

Se pueden citar infinitos ejemplos. "Mentalmente" vemos a un amigo necesitado, y luego verificamos que algo desagradable realmente involucró a esa persona.

Evitamos tomar una decisión debido a un sentimiento desagradable, y luego descubrimos que esto nos ha impedido un gran problema. Soñamos con un amigo que no habíamos visto en años porque vive en otra ciudad, y al día siguiente lo encontramos en la calle.

La ciencia oficial no cree en las coincidencias, porque cree que estos son eventos que sucedieron por casualidad. De hecho, la ciencia actual, basada en el materialismo, cree que pase lo que pase, siempre está vinculado concretamente a otra cosa. No puede haber misteriosos lazos psíquicos entre los hechos que nos involucran.

Tomemos un ejemplo trivial. Una persona se mueve desde el punto A y camina hacia el punto B, ubicado a la vuelta de la esquina. Después de unos pocos pasos (es decir, algún tiempo), esa persona dobla la esquina y solo entonces puede ver lo que está en el punto B.

Es imposible saber primero qué hay en el punto B. Para saberlo necesitamos un cuerpo capaz de ver. El cuerpo debe moverse, y lleva tiempo permitir que se mueva. Solo entonces la persona sabrá qué hay en el punto B.

Según la ciencia, no es posible que el espíritu dé vuelta la esquina e informe a la persona sobre lo que está en el punto B.

Las coincidencias pueden ser generadas por la presciencia, los sueños, las premoniciones, la telepatía u otros. En cualquier caso, también ponen en juego el espíritu o la psique.

El universo no está hecho solo de materia, sino de materia y psique que juntas dan forma a nuestra realidad. Si esto es cierto, entonces muchos fenómenos, que serían inexplicables con los parámetros del materialismo, se vuelven muy explicables.

Hoy, la ciencia se encuentra incómoda frente a las novedades de la física cuántica. Esta física escapa a las limitaciones de tiempo y espacio, típicas de la ciencia materialista. Existen experimentos establecidos que muestran cómo las partículas muy distantes en el espacio interactúan entre sí simultáneamente. A pesar de estar separadas por inmensas distancias, estas partículas se comportan como si fueran una sola.

Dado que estas partículas no están conectadas por ninguna conexión física, el vínculo que las une solo puede provenir de la psique universal.

Solo un vínculo psíquico, que no conoce el espacio y el tiempo, puede mantenerlos juntos y puede garantizar que cada partícula esté informada de lo que le sucede a la otra. Este es el fenómeno llamado "enredo" (entanglement).

La sincronicidad y el enredo son la base de una nueva ciencia que unifica la materia y la psique. Esta nueva ciencia acompañará a la humanidad en un gran salto hacia niveles más altos de conocimiento.

La sincronicidad es un fenómeno que genera eventos extraordinarios en nuestra existencia. En otras ocasiones, con mayor frecuencia, la sincronicidad consiste en una sucesión de hechos sin vínculos entre ellos, que adquieren un sentido preciso en nuestra percepción.

Se produce una sincronicidad cada vez que un conjunto de "señales" nos lleva a un resultado para que podamos decir "Lo sentí, lo esperaba". Es como si algo o alguien quisiera advertirnos y darnos consejos sobre el comportamiento.

Si esto sucede sin el conocimiento necesario para procesar la conclusión que ya está dentro de nosotros, entonces es una verdadera sincronía.

Ejemplo: tienes que irte de viaje, pero de repente, por una extraña sensación de incomodidad, decides no irte nunca más. Más tarde, se entera de que el vehículo (tren, avión u otro) ha sufrido un grave accidente con muchas víctimas.

Evidentemente, el conocimiento preventivo del desastre no puede haberse desarrollado en nuestro cerebro. Según la ciencia actual, no podemos predecir el futuro. Jung sugiere que todo el conocimiento del universo está contenido en el inconsciente colectivo. Todos, además de recurrir a nuestra conciencia individual que contiene información muy limitada, también podemos recurrir al inconsciente colectivo que contiene todo el conocimiento obtenido de la experiencia del hombre desde Adán en adelante.

Este conocimiento prácticamente infinito está presente en el inconsciente colectivo en forma de arquetipos. Los arquetipos son "principios del conocimiento". Pueden manifestarse psíquicamente en nuestra conciencia a través de medios tales como sueños, premoniciones, sensaciones. Identificamos los arquetipos con el desciframiento de hechos significativos que ocurren en nuestra vida diaria.

Estos hechos significativos son las coincidencias que, individualmente, podrían considerarse como pertenecientes al caso. Sin embargo, en su conjunto, estos hechos se confirman entre ellos hasta que convergen en una profecía.

Podemos preguntarnos por qué las sincronicidades ya no ocurren con frecuencia.

Jung profundizó en esta pregunta. Establece una relación entre la ocurrencia de sincronicidades y nuestro consentimiento para que ocurran.

Según Jung, nuestra conciencia individual maneja un nivel de vigilancia que impide el diálogo con la conciencia colectiva. El inconsciente colectivo puede verter sus aretipos en nuestra conciencia individual, solo si disminuye su nivel de vigilancia. Es decir, el diálogo entre nuestra conciencia y el inconsciente colectivo ocurre solo bajo condiciones particulares. Normalmente, tenemos defensas instintivas que rechazan este diálogo. En su ensayo "Sincronicidad: un principio de conexión acausal", Jung escribe:

"Cada estado emocional provoca un cambio de conciencia. Pierre Janet ha definido estas modificaciones como "abaissement du niveau mental" (disminución del nivel mental ". Esto significa que se produce un cierto estrechamiento de la conciencia y al mismo tiempo un fortalecimiento del inconsciente ... En consecuencia, la conciencia cae bajo la influencia de impulsos y contenidos inconscientes instintivos ".

La conciencia, naturalmente, reduce sus niveles de defensa con ocasión de traumas psicológicos o eventos emocionales complejos, como un cambio repentino en nuestro nivel de vida, un amor, una traición, la pérdida de una persona querida.

A veces, el fenómeno sincrónico precede a estos eventos, lo que confirma que el tiempo es solo nuestra percepción y que a nivel del inconsciente no hay un antes ni un después.

La psicología oriental enseña a bajar los niveles de defensa de la conciencia. Esta condición se puede lograr a través de ejercicios. El contacto con la misteriosa dimensión del universo, el "Tao", se produce alienando a uno mismo.

Al comentar sobre el "Chuang-tzu", Hans Kung escribe:

"El texto habla de" sentarse y olvidar " y " ayunar del corazón ". Esto no significa nada más que vaciar los sentidos y la mente. El texto dice:

- Deja que tus oídos y ojos entren en comunicación con tu alma. Entonces los dioses y los espíritus también vendrán a visitarte - ".

En la concepción occidental, el Tao puede considerarse análogo al Espíritu de la Biblia. El Espíritu bíblico impregna toda la creación. Del Espíritu descienden todas las iluminaciones que guían al hombre y lo hacen capaz de ser el "profeta de su vida". En el libro de Joel Dios dice:

"... Después de esto, derramaré mi Espíritu sobre cada hombre.

Tus hijos y tus hijas se convertirán en profetas.

Tus mayores tendrán sueños, tus jóvenes tendrán visiones.

En aquellos días derramaré mi Espíritu también sobre esclavos y siervas "

(Joel 2: 28-29)

Acepta el desafío

La física cuántica está trastornando el pensamiento científico. Muchos físicos entre los más reconocidos, a medida que profundizan sus estudios, están convencidos de la necesidad de integrar, en el proceso de comprensión del universo, una fuerza que podemos definir como psíquica.

Sin la contribución de esta "fuerza psíquica", el comportamiento de las partículas elementales ya no es comprensible. Mencioné muchos de estos científicos en las páginas anteriores.

Muchos de ellos dan testimonio activo de esta creencia. Algunos publican libros, otros envían artículos a revistas científicas calificadas. Otros no hacen públicos sus pensamientos, sino que comienzan caminos de conciencia espiritual.

Hay docenas de físicos que se han acercado a alguna filosofía oriental, particularmente el budismo o el hinduismo.

La elección orientalista está motivada principalmente por la necesidad de libertad intelectual. Muchos se niegan a adherirse a las formas religiosas occidentales, porque las consideran demasiado imbuidas de dogmas y preceptos. Esta circunstancia contrasta con la independencia del pensamiento, que es la mayor riqueza para un científico. Para muchos, la aceptación acrítica, es decir, la fe, no puede superar la razón.

Evidentemente, algunos científicos llegan a esta elección provenientes de entornos que tienden a ser ateos. Desafortunadamente, todavía hay áreas de la ciencia imbuidas del fervor anticlerical que siguió a la era de la Ilustración.

En cambio, la mayoría de la gente común no usa la lógica kantiana para administrar su propio nivel de fe y espiritualidad. A lo largo de la historia de la humanidad, el sentimiento de la existencia de una "Entidad superior" siempre ha sido un patrimonio común. De hecho, nunca ha habido un pueblo que no tuviera su propia lista de divinidades y sus propios cultos religiosos. Las únicas excepciones son algunos regímenes materialistas autoritarios, nacidos en el siglo pasado. Afortunadamente, duraron muy poco.

Incluso en las sociedades más secularizadas, entre la población común, esa sensación vaga e impalpable que muchos llaman "nostalgia de Dios" sigue estando bien alerta y presente.

En una audiencia de 2012 titulada "El hombre lleva dentro de él un misterioso deseo de Dios", el Papa Francisco pronunció estas palabras:

"El deseo de Dios está inscrito en el corazón del hombre, porque el hombre fue creado por Dios. Dios no deja de atraer al hombre hacia sí mismo. Solo en Dios el hombre encuentra la verdad y la felicidad que busca sin cesar.

Esta declaración puede parecer una provocación en el contexto de la cultura occidental secularizada. Muchos contemporáneos pueden objetar que no sienten el deseo de Dios en absoluto. Para grandes sectores de la sociedad, Dios ya no es "lo esperado", "lo deseado". Para ellos, Dios es una realidad que lo deja indiferente.

Desde este punto de vista, el misterio permanece. El hombre busca lo Absoluto con pasos pequeños e inciertos. Sin embargo, la experiencia citada por San Agustín, llamada "corazón inquieto", es muy significativa. Nos atestigua que en el fondo el hombre es un ser religioso ".

Meditación y oración

Este libro contiene muchos incentivos para alentar la búsqueda de "Dios", sea cual sea su nombre y mediante la adoración, religión o filosofía deseada.

Hay dos métodos principales: meditación y oración.

El método más utilizado en la cultura oriental es la meditación. La meditación es una práctica dirigida a lograr un mayor dominio de la actividad mental. Quienes meditan se aíslan de todos los "ruidos de fondo" de la vida cotidiana para encontrar la paz interior. El término meditación indica la "concentración de la mente en un solo punto". Esta práctica se llama, más precisamente, "meditación reflexiva".

En cambio, el término "contemplación" significa el "resto de la mente" en su estado natural, es decir, en ausencia total de pensamientos. Esta práctica se llama, más precisamente, "meditación receptiva".

En teoría, la meditación es una práctica de autorrealización, desprovista de propósitos religiosos. De hecho, casi siempre se asocia con propósitos espirituales o filosóficos. La meditación, en diferentes formas, es una parte integral de todas las principales tradiciones religiosas.

La primera referencia escrita a la meditación, en el ámbito religioso, se encuentra en las sagradas escrituras hindúes del siglo IX a. C., las "Upanishads". Aquí la meditación se conoce como "dhyāna".

En yoga, la práctica de dhyāna favorece "la experiencia de la visión". Aquellos que han alcanzado un nivel superior pueden alcanzar la "iluminación", es decir, la revelación de la "divinidad omnipresente".

En la práctica del yoga no se dice que "la mente está meditando". Se dice que la mente se encuentra en dhyāna, es decir, en el "estado de meditación".

En Occidente, el método principal de relacionarse con Dios es la oración. La oración a menudo puede ser una repetición de fórmulas preestablecidas. En otros casos, la oración surge libre y espontáneamente del alma.

Dios (el Espíritu Santo) gobierna el universo y predispone a que todo suceda para que el hombre pueda vivir. La acción del Espíritu se extiende a las necesidades de los individuos. Es un sentimiento común que el Espíritu está cerca y presente en todos. Por lo tanto, seguramente el Espíritu recibe las oraciones que se dirigen a él. Sin embargo, la oración no debe entenderse como una "solicitud", sino como un "diálogo".

Una de las elecciones más hermosas hechas en el campo de los movimientos carismáticos es renunciar a la clásica oración de solicitud para ir a la oración de alabanza. La persona que ora no pregunta nada porque Dios conoce sus necesidades. Él alaba a Dios porque existe. Agradece a Dios porque seguramente prepara un destino feliz para él.

En este caso, la oración, como se mencionó, es sobre todo diálogo. El reconocimiento y la alabanza se elevan hacia arriba, y al mismo tiempo la serenidad y el consuelo descienden hacia la persona que reza.

En este diálogo no debemos esperar que Dios hable a través de una voz que ingresa al oído. Todas las religiones siempre han afirmado que la divinidad habla a través de "signos".

En una entrevista, el famoso cantante italiano Roberto Vecchioni dijo:

> "Dios me envía mensajes cada vez más fuertes. No entiendo algunos mensajes. Pero tengo la certeza de que nada es aleatorio y que todo es causado. El comienzo de las cosas puede no haber sido una simple "explosión". El fundamento de la fe es que hay una razón ".

De hecho, alguien nos envía "signos divinos". Quienquiera que sea, obviamente supone que podemos entenderlos. En los Evangelios leemos frases como estas:

> "Mira la higuera y todas las plantas. Cuando nazcan los brotes, comprenda por sí mismo que a estas alturas el verano está cerca "
> (*Lc 21, 29-31*).
> "Cuando es de noche, dices: - Buen tiempo, el cielo está rojo. Por la mañana dices: - Hoy habrá tormenta, porque el cielo es rojo oscuro. Entonces sabes cómo interpretar la apariencia del cielo. Entonces, ¿por qué no sabes cómo interpretar los signos de los tiempos?

(*Mt 16, 2-3*).

Muy a menudo, los signos nos llegan del cielo en forma de sincronía, como vimos en el capítulo anterior.

La sincronicidad es un concepto secular que encaja perfectamente en el contexto religioso de las profecías y comunicaciones celestiales.

Las sincronicidades son inesperadas y no deben entenderse como respuestas a nuestras oraciones, si es que hemos orado.

En cambio, las sincronicidades deben entenderse como mensajes de "Alguien" que toma la palabra primero y quiere decir algo útil para nosotros. Las sincronicidades son comprensibles especialmente para la persona que las recibe. De hecho, son efectivos en el inconsciente personal, es decir, en la parte más íntima de la conciencia.

Quien se acostumbra a reconocer las sincronías y adquiere la capacidad de descifrarlas abre un canal de comunicación privilegiada con el Espíritu del mundo.

La mayor dificultad para descifrar las sincronicidades es que exponen sin piedad lo que somos. En realidad, las sincronicidades resaltan nuestras miserias y nuestras debilidades.

A menudo no nos reconocemos en estas fotografías despiadadas y concluimos que esos mensajes no nos conciernen. Con demasiada frecuencia nos juzgamos mejor de lo que somos.

Es cierto que el universo fue creado para el hombre. Sin embargo, el hombre debe permanecer con humildad ante el misterio de su divinidad corrompida por la carne mortal.

Quizás en esta corrupción no hay culpa, solo necesidad.
El alma necesita sustanciarse en el asunto para existir.
Debes someterte humildemente a este paso.
En el Tao podemos leer esta máxima:

> "El hombre sabio no desea demostrar su
> superioridad".

El hombre que acepte vestirse con humildad será
tomado de la mano y será acompañado a su debida gloria.
Jesús nos recuerda esto en el discurso de las
bienaventuranzas:

> "Bienaventurados los humildes, porque el
> Reino de los Cielos les pertenece" *(Mt 5, 3)*

Apéndice 1. Hamlet

Hamlet (La tragedia de Hamlet, Príncipe de Dinamarca), probablemente escrita entre 1600 y 1602, es una de las obras dramatúrgicas más famosas del mundo, traducida a casi todos los idiomas existentes. El famoso monólogo de Hamlet "ser o no ser" es la escena más representativa del trabajo y es sin duda el punto de llegada y un banco de pruebas para los principales actores.

Casi siempre se cita esta parte de la tragedia, fuera de los escenarios, con Hamlet sosteniendo una calavera. Sin embargo, esto es un error: la escena del cráneo está en la parte final del drama (Acto V) y no tiene nada que ver con "Ser o no ser", que está en la parte central (Acto III) .

La tragedia tiene lugar en el castillo de Elsinore, en Dinamarca, en la época medieval.

Hamlet es a menudo percibido como un personaje filosófico, con tendencias que hoy podríamos atribuir al relativismo, al escepticismo o incluso al existencialismo.

Por ejemplo, Hamlet expone un pensamiento relativista cuando, dirigido a Rosencrantz, declara: "No hay nada bueno o malo, pero es el pensamiento del hombre el que hace que las cosas sean buenas o malas".La idea de que nada es real excepto la mente del individuo se basa en el sofismo griego.

Los sofistas argumentaron que, dado que todo solo se puede percibir a través de los sentidos, y porque todos perciben las cosas de manera diferente, no existe una verdad absoluta: solo existen verdades relativas.

Los personajes

Hamlet: es el protagonista de la tragedia y el príncipe de Dinamarca, hijo de la reina Gertrude y del difunto rey Hamlet. El rey tenía el mismo nombre que su hijo.

Claudio: es el actual rey de Dinamarca, tío de Hamlet y su antagonista; Es un político ambicioso, impulsado por la sed de poder y sin escrúpulos.

Gertrude: Reina de Dinamarca y madre de Hamlet, ahora casada con Claudio.

Polonio: chambelán de Elsinore, padre de Laertes y Ofelia.

Ofelia: hija de Polonio, de quien Hamlet estaba enamorado.

Laertes: hijo de Polonio y hermano de Ofelia.

Horace: un amigo de Hamlet, un compañero de estudios en la Universidad de Wittenberg.

Fortebraccio: Príncipe de Noruega, cuyo padre fue asesinado por el padre de Hamlet. Quiere atacar a Dinamarca por venganza.

El fantasma del rey: el espectro del padre de Hamlet afirma haber sido asesinado por Claudio.

Rosencrantz y Guildenstern: dos cortesanos, ex amigos de Hamlet, a quienes Gertrude y Claudio convocan para tratar de descubrir la razón del extraño comportamiento de Hamlet.

Voltimand y Cornelius: embajadores.

Marcello y Bernardo: los dos guardias que primero ven el fantasma del soberano.

Reynaldo: el sirviente de Polonio.

La trama de la tragedia.

En el siglo XVI, en las paredes de la ciudad de Elsinore, la capital de Dinamarca, Marcello y Bernardo hablan de un fantasma. Orazio también llega, quien ha sido llamado para vigilar el extraño fenómeno.

El espectro aparece poco después de la medianoche y Orazio se da cuenta inmediatamente de la semejanza del fantasma con el Rey Hamlet, quien murió recientemente. El fantasma desaparece. Orazio le dice a Marcello que Fortebraccio está reuniendo un ejército en las fronteras de Noruega. Con este ejército quiere recuperar algunos territorios. Estas son las tierras que el padre de Fortebraccio perdió en un duelo con Hamlet.

La escena se traslada al consejo real. Presentes están el rey Claudio, la reina Gertrudis, Hamlet, Polonio, su hijo Laertes, los dos embajadores Cornelio y Voltimando. El tema de la reunión es la cuestión de Fortebraccio. Los presentes decidieron enviar a los dos embajadores del Rey de Noruega para negociar. Laertes le pide al rey Claudio que pueda irse a Francia, y el rey se lo concede.

Horace le cuenta a Hamlet las apariciones de un fantasma parecido a su padre. Los dos deciden reunirse en el lugar de las apariciones.

El fantasma aparece de nuevo y pide hablar con Hamlet solo. Hamlet se da cuenta de que es el espíritu del padre. Cuando están solos, el fantasma le revela a Hamlet que su esposa Gertrude y Claudio lo han estado traicionando durante mucho tiempo.

Una tarde, mientras el rey dormía en el jardín, Claudio lo mató vertiéndole un veneno mortal a base de beleño en el oído. Al final de la trágica historia, el fantasma le pide a Hamlet que lo vengue.

Volviendo a Horace y Marcello, Hamlet no revela el contenido de la reunión y les hace jurar no hablar con ninguna de las apariciones.

Después de las terribles revelaciones, Hamlet se vuelve cada vez más cerrado, de modo que Claudio y Gertrude envían a llamar a Rosencrantz y Guildenstern, dos amigos de Hamlet en el momento de la universidad. Claudio les pide a los dos que investiguen la melancolía del príncipe.

Los dos hablan mucho tiempo con Hamlet y, en nombre de la antigua amistad, revelan el motivo de su venida. Sin embargo, intentan distraer al príncipe de su melancolía aprovechando la llegada de una compañía de teatro.

Esta novedad galvaniza a Hamlet, no tanto por placer, sino porque la representación teatral le ofrece la posibilidad de poner en práctica un plan.

Con su plan, Hamlet quiere resolver la duda que lo atormenta. Quiere estar seguro de que el fantasma es su padre y que las revelaciones recibidas son ciertas.

Rosencrantz y Guildenstern son llamados por el rey para averiguar si han descubierto algo sobre la crisis de Hamlet. Polonio también está presente en la entrevista. Los dos no pueden explicar la causa de la tristeza del Príncipe. Polonio plantea la hipótesis de que la tristeza de Hamlet se deriva de la distancia de Ofelia.

Hamlet llega a la escena, por lo que Claudio y Gertrude despiden a Rosencrantz y Guildenstern.

Luego se esconden con Polonio y solo dejan a Hamlet y Ofelia en la escena.

Hamlet, sin embargo, está conmocionado por las revelaciones del espectro y trata mal a la pobre Ofelia. La niña le recuerda las viejas promesas de amor, pero Hamlet le aconseja que se convierta en monja.

Claudio sospecha fuertemente que Hamlet ha adivinado algo de sus crímenes, por lo que comienza a elaborar un proyecto para enviarlo a Inglaterra.

Mientras tanto, Hamlet está de acuerdo con los actores de la compañía de teatro para representar un drama, "El asesinato de Gonzago". Esta representación recuerda los eventos narrados por el espectro. Durante la obra, Hamlet observará las reacciones de Claudio. Si el rey está molesto, esto significará que los cargos del fantasma estaban bien fundados.

El plan es exitoso. Durante la escena del envenenamiento, el rey abandona el teatro en medio de la ira. Gertrude también está molesta e invita a Hamlet a su habitación a pedirle explicaciones sobre los motivos de esa actuación.

La reina está de acuerdo de antemano con Polonio. Polonio se esconderá en la habitación de la reina para informar las palabras de la entrevista al rey.

Desafortunadamente, Hamlet, mientras habla con su madre, se da cuenta de que alguien está escuchando en secreto. Hamlet cree que es Claudio y lo mata gritando "un ratón, un ratón". Luego retire el cuerpo para enterrarlo rápidamente.

Ofelia se entera de la muerte de su padre Polonio. Este dolor, sumado a la desilusión amorosa por el rechazo de Hamlet, la pone en un estado de profunda locura.

Hamlet, mientras está a punto de embarcarse en Inglaterra, se encuentra con el ejército de Fortebraccio que está invadiendo el territorio danés.

Los soldados le dicen que el territorio al que se dirigen es semidesértico e inútil desde un punto de vista estratégico. Fortebraccio quiere conquistar esos territorios solo por razones de honor.

Laertes, hijo de Polonio y hermano de Ofelia, cree que su padre fue asesinado por Claudio. Reúne un ejército y se presenta al rey, acusándolo de la muerte de su padre. Después de una larga conversación, Ofelia también presente, el rey logra explicarle a Laerte toda la verdad.

Mientras tanto, Horace recibe una carta anunciando el inminente regreso de Hamlet.

Entonces Claudio le propone a Laerte desafiar a Hamlet a un duelo. Sin embargo, sugiere que preparó una trampa. La espada de Hamlet será embotada, y la espada de Laertes será sumergida en un veneno mortal. Además, se prepara una copa de vino envenenado. Laerte está de acuerdo.

Ofelia, completamente enojada, se suicida saltando a un lago. La escena comienza con dos sepultureros cavando el pozo de Ofelia.

Hamlet se pregunta qué mujer noble será enterrada. Cuando se da cuenta de que es Ofelia, no puede evitar correr sobre su ataúd.

Laerte lo llena de insultos y lo reta a un duelo a muerte. Al día siguiente, Hamlet es llamado a la habitación del rey para el desafío.

El duelo comienza. La reina pide un trago pero se le sirve la copa de vino envenenado. Mientras tanto, los duelistas intercambian espadas varias veces, de modo que ambos se lastiman con la espada envenenada.

La tragedia termina. La primera en morir es la reina Gertrude. Laertes, lamentando haberse unido al plan ignorable de Claudio, revela todo a Hamlet y muere. Hamlet, en medio de la furia, golpea a Claudio con la espada envenenada. Finalmente, incluso Hamlet muere.

Glosario

Alma del mundo   También conocido en latín como *anima mundi,* es un término filosófico utilizado por el platónico para indicar la vitalidad de la naturaleza en su totalidad, asimilada a un único organismo viviente.

Alma y Animus   Arquetipos con alto contenido dual. Cada arquetipo contiene un aspecto de la vida y su opuesto, sugiriendo que ambos tienen su propio valor. La imagen delalma es proyectada por los hombres sobre las mujeres, mientras que en las mujeres es el arquetipo correspondiente, el Animus, que se proyectará sobre los hombres.

Alquimia   Antiguo sistema filosófico esotérico expresado a través de diversas disciplinas como laquímica, la física, laastrología, la metalurgia y la medicina. El pensamiento alquímico es considerado por muchos como el precursor de la química moderna.

Arquetipo   El término se utiliza actualmente para indicar, en la esfera filosófica, la forma preexistente y primitiva de un pensamiento (por ejemplo,la idea platónica); en Psicología analítica, sin embargo, es utilizado por Jung y otros autores para indicar ideas innatas y Predeterminado delinconsciente humano.

Átomo	El átomo es una estructura en la que la materia se organiza normalmente en el mundo físico. Los átomos están formados por constituyentes subatómicos como protones, neutrones y electrones. Más átomos forman moléculas.
Big Bang	Modelo cosmológico basadoen laidea de queeluniverso comenzó a expandirse a una velocidad muy alta en un tiempo precisamente definible del pasado y que este proceso aún continúa.
Bilocación	Capacidad de un cuerpo para estar presente simultáneamente en dos o más lugares diferentes.
Budismo	Una de las religiones más antiguas y extendidas del mundo, se originó a partir delas enseñanzas delitinerante indio ascético Siddhārtha GAUTAMA (VI °, V ° sec. a.c.).
Causalidad	Principio de que nada sucede en el mundo sin una causa decisiva.
Chamanismo, chamán	Con el término chamanismo se indica, en la historia de las religiones, en la antropología cultural y Etnología, un conjunto de creencias, prácticas religiosas, rituales mágicos o técnicas extáticas que se encuentran en diversas culturas y tradiciones.
Complejo	En psicología, se trata de una definición que se utiliza para describir una serie de sentimientos con incertidumbres y ansiedades en relación con el tema en cuestión y no modificables a través del razonamiento.
Conciencia	La Facultad inmediata de alertar, entender, evaluar los hechos que ocurren en el ámbitode laexperiencia individual o prever en un futuro más o menos cercano. En el

lenguaje común, la evaluación moral de las acciones de uno.

Cuánto   En la mecánica cuántica se llama "cuánto" una cantidad discreta e indivisible de una cierta magnitud. Por extensión el término se utiliza a veces como sinónimo de "partícula".

Cuarto excluido   Más allá de las tres leyes clásicas de la física: el tiempo, el espacio, la causalidad, Jung y Pauli teorizaron el "cuarto excluido", es decir, la sincronicidad.

Dark Energy   La energía oscura es una forma hipotética de energía no directamente detectable difuso homogeneicamente en el espacio.

Determinismo   Concepción filosófica de una naturaleza marcadamente mecanicista, según la cual todo fenómeno o acontecimiento del presente está necesariamente determinado por un fenómeno o acontecimiento que ocurrió en el pasado.

Dualismo   Presencia de dos principios fundamentales, en relación recíproca de complementariedad u oposición.

E = MC2   La fórmula E = MC2 es la teoría de la relatividad, en la transición entre dos sistemas de referencia en movimiento relativo. E es la energía, m la masa de un cuerpo, c la velocidad de la luz (300000 km/s).

Efecto Casimir   La fuerza de atracción que se ejerce entre dos cuerpos extendidos situados en el vacío debido a la presencia del campo cuántico de punto cero. Este campose origina a partir de la energía del vacío determinada por las partículas virtuales que se crean continuamente para el efecto de las fluctuaciones.

El límite de Chandrasekhar	Límite de masa no rotatorio que puede oponerse al colapso gravitacional, sostenido por la presión de la degeneración de electrones.
El potencial cuántico	Parámetro añadido por David Bohm alaecuación de Schrödinger. El potencial cuántico transforma la mecánica cuántica de la teoría probabilística a la teoría determinista.
El principio Anthropic	En la esfera física y cosmológica, el principio antrópico establece que las observaciones científicas están sujetas a limitaciones debidas a nuestra existencia como observadores.
El principio de superposición de Estados	El principio establece que, al igual que las olas de la física clásica, se pueden sumar dos o más estados cuánticos ("solapamiento"), y el resultado será otro estado cuántico válido.
El principio indeterminado de Heisenberg	No es posible medir al mismo tiempo y con extrema precisión las propiedades que definen el estado de una partícula elemental. Si, por ejemplo, pudiéramos determinar la posición con absoluta precisión, tendríamos la máxima incertidumbre sobre su velocidad.
Elnivel subatómico	Nivel en el que tiene dimensiones más pequeñas que lasdelátomo, o que se relaciona con las partes constituyentes delátomo, como electrones, neutrones, etc.
Enredo	Vínculo de naturaleza fundamental existente entre las partículas que constituyen un sistema cuántico. También se dice, a veces, la correlación cuántica.
Entelequia	Término aristotélico para designar la realidad que alcanzó el grado de desarrollo completo.
Entropía	Medida del trastorno presente en cualquier sistema físico.

EPR, Paradox o experimento	Un experimento ideal propuesto en 1935 por Einstein, Podolsky y Rosen con el objetivo de demostrar que la mecánica cuántica no podía ser considerada una teoría física completa y que debían existir variables ocultas, desconocidas, capaces de completarlo.
Es	Según la teoría psicoanalítica de Sigmund Freud, ese caso intrapsicónico que "representa la voz de la naturaleza en elalmadelhombre." Contiene los impulsos pulsionales de carácter erótico (Eros), agresivo y autodestructivo.
Espacio-tiempo	En física para el espacio-tiempo, o chronotops, significa la estructura de cuatro dimensionesdeluniverso. Introducido por la relatividad restringida, consta de cuatro dimensiones: los tres de espacio y tiempo.
Esse est percipi	Lema acuñado por George Berkeley: *Ser significa ser percibido.*
Experimento de doble hendidura	Concebido en 1805 por Thomas Young. Representa la clave para entender la mecánica cuántica.
Extrasensoriale	Se llama percepción extrasensorialo ESP (acrónimo de laexpresión inglesa*extra-SensoryPerception*) cualquier percepción hipotética que no pueda atribuirse a los cinco sentidos.
Fermios	Así llamado en honor de Enrico Fermi. Estas son las partículas que siguen el estadístico de Fermi-Dirac y por lo tanto están equipadas con un giro semi-completo $(1/2, 3/2, 5/2...)$.
Fisica newtoniana	*V. física clásica*
Flecha de tiempo	Fenómeno según el cual el tiempo parece fluir siempre en la misma dirección, del pasado al futuro, según una especie de sentido único. Define el tiempo de la flecha del fenómeno (real, observable y complejo)

de tal manera que un sistema físico evoluciona desde un estado inicial S en el tiempo T a un estado final S2 en un momento T2 y nunca regresará al estado S.

Forma de interferencia
En la física el fenómenode lainterferencia es un fenómeno debido a la superposición, en un punto de espacio, de dos o más ondas.

Fotón
El Foon es el mismo que *el campo electromagnético,*históricamente también llamado como luz.

Función de onda
En la mecánica cuántica, lafunciónde onda representa el estado de un sistema físico. Es una función compleja de coordenadas espaciales y de tiempo y su significado es el de unaamplitud de probabilidad.

Gran madre (arquetipo)
En cada uno de nosotros-el hombre o la mujer, no hace ningunadiferencia-vive elarquetipo de la gran madre. En la psicología de Jung, la gran madre es uno de los poderes numinosos del inconsciente, un arquetipo de poder grande y ambivalente, al mismo tiempo destructivo y rescatador, enfermero y devorador.

Hertz
El Hertz (*símbolo Hz*) eslaunidad de medida del sistema internacional de frecuencias. Toma su nombre del físico alemán Heinrich Rudolf Hertz que trajo importantes contribuciones a la ciencia, en el campo delelectromagnetismo.

Holograma
Losa o película fotográfica que reproducelaimagen tridimensional de un objeto obtenido por la técnica de la holografía.

Idea
Término utilizado desde los albores de la filosofía, indicandooriginalmente unaesencia primordial y sustancial. Hoy en día ha tomado en el lenguaje común un significado

	más restringido, generalmente referible a una representación o un proyecto de la mente.
Immaterialismo	Término acuñado por el filósofo-teótete irlandés George Berkeley (1685-1753) para definir su doctrinanegando laexistencia de la materia.
Impulso vital	Una expresión conocida principalmenteen el campo de la cultura francesa, usualmente utilizada en parapsicología y Ciencias espirituales.
Inconsciente	Todas las actividades mentales que no están presentes a la conciencia de un individuo.
Inconsciente colectivo	Concepto de Psicología analítica acuñado por Carl Gustav Jung. En oposiciónal inconsciente personal, es compartido por todos los hombres y deriva de sus antepasados comunes.
Indeterminism	Actitud filosófica que se opone al determinismo.
Instinto	Empuje interno, congénito e inmutable, para actuar y comportarse de cierta manera. Aunque es independientede la inteligencia, puede ser modificada, ajustada o reprimida por el mismo.
Interpretación a muchos mundos	Esta teoría ysprime que cada vez que el mundo tiene que enfrentar una elección en el nivel cuántico, el universo se divide en dos.
La constante de Planck	Constante física que representa la mínima acción posible. Como resultado de esta constante, las cantidades físicas fundamentales no se desarrollan continuamente, sino que se cuantifican.
La física clásica	Todos los alcances y modelos de la física que no tienen en cuenta los fenómenos descritos en macrocosmos por la relatividad general y el microcosmos por la mecánica cuántica.
La física cuántica	Teoría física que describe el comportamiento de la materia y la radiación y las interacciones

	recíprocas, con especial consideración a los fenómenos característicos del nivel subatómico de magnitud.
La inflación cósmica	En cosmología,lainflación es una teoría que asume queel universo, poco después del Big Bang, ha pasado por una fase de expansión extremadamente rápida.
La mecánica cuántica	Teoría física que describe el comportamiento de la materia, de la radiación y de las interacciones recíprocas, con especial consideración a los fenómenos característicos de la escala de la longitud o de la energía atómica y subatómica.
La Psicología analítica	Método de investigación de los profundos elaboradospor elAnalista suizo Carl Gustav Jung.
La psicología de la forma	La psicología de la Gestalt (de la *Gestaltpsychologie* alemana, la *psicología de la forma* o *representación*) es una corriente psicológica centrada en los temas de la percepción y de la experiencia.
La realidad macrofísica	Aquella en la que vivimos, diferente de la realidad microscópica relativa a las dimensiones demasiado pequeñas para ser valoradas por nuestros sentidos.
La reducción Teosófica	Método para el cual todos los números pueden ser rastreados a un solo dígito de 1 a 9.
La sincronicidad cultural	Un acontecimiento que afecta a civilizaciones enteras y a millones de personas.
La teoría cuántica	*V. mecánica cuántica.*
Las coincidencias sensoriales	Un término modestamente utilizado por aquellos que no quieren hablar sobre coincidencias significativas o sincronicidad, según el concepto junguiano.

Las interacciones fundamentales

En la física, las interacciones fundamentales o las fuerzas fundamentales son las fuerzas de la naturaleza que permiten describir los fenómenos físicos. Se identificaron cuatro: lainteracción gravitacional, lainteracción electromagnética, ladébil interacción nuclear y lafuerte interacción nuclear.

Las religiones misteriosas

Los principales cultos misteriosos. Los misterios más famosos del mundo griego eran *Misterios Eleusinos*, vinculados al culto de Demeter y perséfono. Además de estos son para recordar los relacionados con el culto de Dionisio y Orpheus en los*misterios órficos*y el culto del Dios frigio Sabazio; finalmente, los *misterios de los taxis*en Samotracia.

Libido

Literalmente traducible como deseo o voluptin. Identifica un concepto fundamental de la teoría psicoanalítica. Según Freud, indica laexpresión dinámica de los impulsos sexuales; según Jung, sin embargo, la energía vital y creativa del instinto.

Localidad

En la física, el principio de la localidad indica que los objetos distantes nopueden tener una influencia instantánea eluno del otro: un objeto está directamente influenciado por sus inmediaciones.

Los universos paralelos

Una dimensión paralela o un universo paralelo es un universo hipotético separado y distinto de nuestro pero coexistente con él; En la mayoría de los casos imaginados se puede identificar con otro continuo espacio-tiempo. Elconjunto de cualquier universo paralelo se llama multiverso.

M Theory

Teoría, todavía incompleta, que trata de combinar matemáticamente las cinco teorías de supercuerdas y la supergravedad a 11 dimensiones incluyendo las cuatro interacciones fundamentales, para representar un posible teoría en conjunto..

Mandala
Término que, en particular, tiene la intención de indicar un objeto, también sagrado, de "forma redonda", o un"disco", especialmente refiriéndose al sol o a la luna. En la tradición religiosa budista e hindú, representación simbólica del cosmos, hecha con hilos tejidos en el marco o con polvos de varios colores en el suelo, o pintados en tela, o frescos en las paredes del templo.

Manichaeism
Religión radicalmente dualista: dos principios, luz y oscuridad, independientes y contrastantes afectan a todoslos aspectos de laexistencia y la conducta humanas.

Materia
En la física clásica, con el término materia uno indica genéricamente cualquier cosa que tiene masa y ocupa espacio; O alternativamente, la sustancia de la que se componen los objetos físicos, excluyendo así la energía, que se debe a la contribución de los campos de fuerza.

Mentalismo
Concepción filosófica que tiende a reducir los datos de conocimiento a las percepciones puras de la mente, descuidandolos aspectos objetivos de laexperiencia física.

Metafísica
Doctrina filosófica que se presenta como la ciencia de la realidad absoluta y que busca dar una explicación de las primeras causas de la realidad, independientemente de cualquier hechode laexperiencia.

Mind uploading
Recuperación y transferencia del patrimonio mental de un individuo desde el viejo a un nuevo cuerpo.

Mito
El mito es una historia vestida de santidad. Es una historia sobre los orígenes del mundo o las formas en que el mundo mismo o las

	criaturas vivientes han alcanzado la forma actual.
Mito de la cueva	El mito de la cueva de Platón es uno de los mitos o alegorías más famosos del filósofo ateniense, relatadaalcomienzo del libro Settimo de la *Repubblica*.
Mitología	Latotalidad de las elaboraciones fantásticas o religiosas de una cierta tradición cultural.
Monismo	El monismo es una concepcióndelser que se opone a la del pluralismo, o más a menudo a la del dualismo.
Multiverse	Una dimensión paralela o un universo paralelo es un universo hipotético separado y distinto de nuestro pero coexistente con él; En la mayoría de los casos imaginados se puede identificar con otro continuo espacio-tiempo. Elconjunto de cualquier universo paralelo se llama multiverso.
Mundo de las ideas	El hiperuranio, o mundo de las ideas, es un concepto de Platón expresado en*Phaedrus*.
Neoplatonismo	Interpretación del pensamiento de Platón dado en la era helenística. Para resumir en sí varios otros elementos de la filosofía griega, y convertirse en la principal escuela filosófica antigua desde el siglo III.
Neurosis	Trastorno mental de naturaleza predominantemente psicológica, derivado de un conflicto inconscienteentre elindividuo y elmedio ambiente.
Nexo acausal	Vínculo entre dos eventos conectados entre sí pero no de manera causal, que no esde tal manera que eluno influyematerialmente en elotro.
Nigredo	En la alquimia la fase con el negro de la gran obra, la de la podredumbre y la descomposición, que es el paso inicial en el camino de la creación de la piedra filosofal.

Nirvana	Un concepto que indica un estado de felicidad, precisamente de las religiones Budista y Jain, que más tarde se introdujotambién en el hinduismo.
No Location	El nivel en el que los principios físicos de la localidad ya no son válidos.
Nobel (premio)	Un premio de valor mundial atribuido anualmente a las personas que se han distinguido en los diversos campos del conocimiento, "trayendo mayores beneficios a la al umaneidad" por sus investigaciones, descubrimientos e invenciones, porlaobra literaria, Porelcompromiso con la paz mundial.
Notarikon	Método hebreo para derivar una palabra, de una manera similar a la creación de un acrónimo, asegurándose de que cada una de sus letras iniciales o finalesrepresentan otrapalabra.
Número de masa	Indica el número de nucleones (es decir, protones y neutrones) presentes en un átomo.
Numinoso	Rodeado por un halo de sacralidad que enjesta con miedo y reverencia.
Objetividad	Representación ideológica que corresponde a la realidad, al mundo objetivo, y por lo tantono dependede una actividad de conciencia.
Olomovimento	Término acuñado por Bohm para describireluniverso como un sistema dinámico en movimiento continuo. En su lugar, el término holograma suele hacer referencia a una imagen estática.
Omega Point	Término acuñado por el científico jesuita francés Pierre Teilhard de Chardin para describir el nivel más alto de complejidad y conciencia al que pareceque eluniverso tiende a evolucionar.

Oort
La nube de Oort es una nube esférica de cometas colocada a una distancia de la tierra igual a aproximadamente 2400 veces la distancia entre el sol y Plutón.

Oportunidad
Confianza consolada por razones razonables.

Opus alchemicum
Procedimiento Alchemico para obtener la piedra filosofal, que se produjo a través de siete procedimientos, dividido en cuatro operaciones: podredumbre, calcinación, destilación y sublimación, más tres fases: solución, coagulación y teñido.

Orbital
Funciónde onda que describe el comportamiento de un electrón en un átomo.

Orden implícita y orden explícita
Teorización de David Bohm sobre la existencia en el universo de una orden implícita (orden implicada), que no podemos percibir, y un orden explícito (orden explicar), que percibimos como resultado de la interpretación que nuestro cerebro da a las ondas (patrones) de interferencia que componen el universo.

Paleolítico
Período caracterizado por la construcción yeluso de herramientas de piedra con un funcionamiento más y más refinado, y que ve el comienzo, enelhombre, del pensamiento metafísico y del culto de los muertos.

Paranormal
Término que se aplica a los fenómenos que son contrarios a las leyes de la física y supuestos científicos.

Persona (arquetipo)
Uno de los arquetipos de los Jungios que deriva su nombre del latín, donde tiene el significado de "máscara delactor" e indica el papel que el sujeto interpreta en el contexto social en el que actúa.

Piloto Wave
Interpretación de la mecánica cuántica postada por David Bohm en 1952. Incorpora

	la idea de la ola piloto elaborada por Louis de Broglie en 1927.
Principio de complementariedad	En la mecánica cuántica, se afirma que el doble aspecto (onda y partícula) de algunas representaciones físicas de fenómenos atómicos y subatómicos no se puede observar al mismo tiempo durante el mismo experimento.
Principio de localidad	La localidad define el área en la que hay manifestaciones de energías y eventos delimitadas por las leyes de la física clásica; En la realidad local hay causalidad o determinismo (cada evento está determinado por un evento anterior).
Principio de no localidad	Principio de la mecánica cuántica según el cual las partículas subatómicas son capaces de comunicar la información instantáneamente.
Probabilismo	La doctrina intermedia entre el dogmatismo y el escepticismo, alegando que el conocimiento objetivamente seguro de la realidad no es posible.
Proceso de identificación	Concepto desarrollado por el psiquiatra suizo Carl Gustav Jung en losaños 20. Indica el proceso psíquico, único e irrepetible, de cada individuo que consisteen elacercamientodesí mismo con los yos.
Psicoanálisis	Término que deriva de *psicosis*, psiquis, alma y*análisis*: Análisis de la mente. Es la teoría del inconsciente del alma humana en la que se funda una disciplina, conocida como psicodinámica, y una práctica psicoterapéutica relacionada, que tomó el comienzo de la obra de Sigmund Freud, que Insertó en la ranura de las obras de Jean-Martin Charcot y Pierre Janet.

Quantum Leap   Cambio instantáneo de un sistema, que se produce en una escala muy pequeña y se mantiene aleatoriamente. Por ejemplo, un electrón que, estando en un nivel de energía de un átomo, salta instantáneamente a un nivel de energía diferente.

Quark   En física, los componentes fundamentales de la materia hadronica, es decir, de todas las partículas observadas que están sujetas a fuertes interacciones.

Reduccionismo   El reduccionismo en general mantiene que las instituciones, metodologías o conceptos de una ciencia deben reducirse a los denominadores comunes más bajos o a las entidades más elementales posibles.

Reencarnación   Resurrección cíclica que cultúa con el logro de la perfección.

República   La *República* es una obra filosófica en la forma de un diálogo que ha tenido una enorme influencia en el pensamiento occidental, escrito aproximadamente entre el 390 y el 360 a.c. por el filósofo griego Platón.

Res cogitans res extensa   Con *res cogitans* nos referimos a la realidad psíquica a la que Descartes atribuye las siguientes cualidades: inextensión, libertad y conciencia. La *res extensa* es en cambio la realidad física, extendida, limitada e inconsciente.

Resurrección   Volver a la vida después de la muerte, con una analogía al despertar después del sueño. Común a todas las religiones que prevén la revitalización del alma del fallecido, es el complejo de su espiritualidad.

Rubedo   La última fase de la gran obra, la "Red One". Es el cumplimiento final de las transmutaciones químicas, culminando en la

	realización de la piedra filosofal y la conversión de los metales viles en oro.
Rueda de medicina	En la cultura de los indios americanos la rueda de la medicina se construye tradicionalmente con piedras o palos basados en las cuatro direcciones sagradas del espacio.
Samsara	En las religionesde laIndia como el brahmanismo, el budismo, el jainismo yel hinduismo, indica la doctrina inherente en el ciclo de la vida, la muerte y el renacimiento.
Sé	Núcleo de la personalidad, indicado con el pronombre de una tercera persona singular paradistinguirlo del*ego*, es decir, de su imagen reflejada en la que la conciencia se identifica normalmente.
Sección dorada	La relación más estética entre los lados de un rectángulo que se indica por el número 1, 6180339887.
Serie de Fibonacci	Sucesión de enteros positivos en los que cada número comenzando por el tercero es la suma de los dos anteriores, y los dos primeros son por definición iguales a 1. Está representado por los números: 1, 1, 2, 3, 5, 8, 13, 21, 34, 55 etc.
Símbolo	El símbolo es un elemento de comunicación, expresando contenido de significación ideal del que se convierte en firmante. Normalmente el símbolo es algo que está en el lugar de otra cosa.
Sincronicidad	Concepto teórico por el psicoanalista Carl Gustav Jung en 1950, definido como "un principio de enlaces acásicos". Consiste enun vínculo entre dos eventos conectados entre sí pero no de manera causal, que no es de tal manera que eluno pueda haber influidomaterialmente por elotro.

Sofisti
Maestros de las virtudes contemporáneas de Sócrates y Platón, a quienes se les acusó de donar sus enseñanzas

Sombra (arquetipo)
Poderoso arquetipo, recipiente de todo lo que hemos perdido en el bien y de todo lo que hemos recibido en el mal. Por lo tanto, es nuestro enemigo, el antagonista, lo que aparece en los cuentos de hadas como el "villano" y que a menudo se representa en la forma de un monstruo, dragón o demonio.

Spin
En la mecánica cuántica, el giro es una magnitud, o número cuántico, asociado con las partículas que contribuye a definir el estado cuántico. El giro es una forma de momento angular.

Subatómico, nivel subatómico
Nivel de las partículas elementales, por debajo del tamaño del átomo.

Subjetividad
Visión personal de valores, de un juicio, de una crítica.

Super-ego
SegúnFreud, indica uno de los tres casos que, junto con es y todos, componen el modelo estructural delaparato psíquico.

Supernova
Una supernova es una explosión estelar. Las supernovae son muy brillantes y causan emisiones de radiación que pueden exceder las de toda una galaxia.

Tabla periódica de los elementos
Un esquema por el cual los elementos químicos se ordenan sobre la base de su número atómico Z y el número de electrones presentes en los orbitales atómicos.

Tamaño paralelo
Una dimensión paralela o un universo paralelo es un hipotético universo separado y distinto del nuestro, pero coexistente con él.

Taoísmo
Un conjunto de doctrinas filosóficas y místicas formuladas por pensadores chinos en la ESA. IV ° y III ° A.C.

Temurah	Método utilizado por los kabalistas para ordenar las palabras y frases de la Biblia hebrea para derivar el sustrato esotérico y el significado espiritual.
Teología	Estudio de la naturaleza,de laesencia, de los atributos y manifestaciones de Dios.
Teoría de cuerdas	Teoría, todavía en desarrollo, que trata de conciliar la mecánica cuántica con la relatividad general y que con suerte puede constituir una teoría en conjunto.
Teoría de la relatividad	La teoría de la relatividad formulada por Albert Einstein, primero en su versión estrecha y luego en la general, alteró profundamente la teoría de la relatividad Galilean y cambió nuestro concepto de tiempo y espacio. Sin embargo sorprendentes, las predicciones de Einstein han logrado numerosas confirmaciones.
Tetraktys	El número de Tetraktys o cuaternario representado para el Pitágoras la sucesión aritmética de los primeros cuatro números naturales, o enteros más precisos positivos.
Transhumanismo	Movimiento cultural que abogapor el uso de la ciencia y la tecnología para aumentar la capacidad física y mental del hombre.
Trascendente	No atribuible a las determinaciones dela experiencia, ya que subsie independientemente de la realidad de la que también es la suposición.
Una guía para el Perplejido	Testamento espiritual deleconomista y filósofo alemán e. f. Schumacher (1911-1977), padre putativo del"movimiento de la decrecimiento".
Universo burbuja	*Ver multiverso*
Upanishad	En sánscrito, "doctrinas arcanas, secreto". Denominación de una serie de textosfilosóficos-religiosos de laIndia,

pertenecientesala última fase del período Védico.

Viejo sabio (arquetipo)
Encarnación del principio espiritual. Por logeneral, el individuo se encuentra con un arquetipo en situaciones críticas de su propia vida cuando tiene que tomar decisiones difíciles.

Vitalismo
Una corriente de pensamiento que las ideas de Platón deben extenderse a toda la naturaleza, y convertirse en una parte constituyente de cada organismo y de todo lo que existe.

Wormhole
Atajo entre dos puntos del universo.

Yo (ego)
En Psicología representa una estructura psíquico-organizada y relativamente estable, conectada al contacto y relaciones con la realidad, tanto interna como externa.

Bibliography

Amir Dan Aczel, Entanglement. The greatest mystery of physics.

Barbour Julian, End of the time.

Barrow John David, From zero to infinity. The great story of Nothing.

Barrow John David, The numbers of the universe,

Barrow John David, Why is the world a mathematician?

Barrow John David, look Frank The anthropic principle.

Beitman Bernard, Messages from coincidences.

Cambray Joseph, Synchronicity. Nature and Psyche In a connected universe.

Cantalupi Tiziano, Santarcangelo Donato, Psychism and reality. .

Capra Fritjof, The Tao of physics.

John Cederquist, Coincidences They don't exist.

Cesati Cassin Marco, We're not here by chance.. The power of coincidences.

Subrahmanyan Chandrasekhar, Truth and Beauty. The reasons for aesthetics in science.

Chinnici Giorgio, Case Guard. The secret mechanisms of the quantum world

Chopra Deepak, Coincidences

Ford Kenneth, The world of Quanta. Quantum physics For everyone.

Gamow George, The Adventures of Mr. Tompkins.

Gamow George, Mr. Tompkins ' New World.

Goswami Arneb, Quantum Lighting Guide.

Greene Brian, The plot of the cosmos. Space,

Greene Brian, The hidden universes of parallel reality And the profound laws of the cosmos.

Greene Brian, The elegant universe. Superstrings, hidden dimensions and the pursuit of definitive theory.

Hawking Stephen The Universe in a nutshell.

Hawking Stephen The theory completely. Origin and destination Dell Universe.

Hawking Stephen The great history of the time.

Hawking Stephen Do Big Bang For black holes. A brief history of the universe.

Heckler, Richard, Coincidences.

Robert Hopke, Nothing happens by chance.

Joseph Frank, The power of coincidences.

Young Carl The analysis of Dreams. Archetypes of the unconscious. Synchronicity.

Young Carl Memories, DreamsReflections.

Kane Gordon, The Garden of Particles Elemental.

Shani Mani Quantum. From Einstein In Bohr, quantum theory, a new idea of reality..

Rei Hans, Christianity and Chinese religiosity.

Lederman Leon, Hill Christopher, Physical Quantum for Poets

Licata Ignazio, Watching the Sphinx.

Motterlini Matteo, Mental traps.

Peat David, Synchronicity. A union between the matter e Psyche.

Popper Karl, The Ego and your brain.

Radin Dean. Intertwined minds. Psychic phenomena explained by quantum physics.

Rhine Louisa, Psychokinesis. in mind Dominates matter..

Schumacher Ernst, A guide to the Perplexed, the B

Sheldrake Rupert, The illusions of Science.

Sheldrake Rupert, The mind Extended..

Michael Smith, Young and Shamanism.

Sparzani and Panepucci. (Curators) Young and Pauli. The original correspondence: The meeting between psyche and matter.

Henry Stapp Quantum theory and free will..
Michael Talbot, All is a. Feltrinelli
Teodorani Massimo, Bohm. The Physics of Infinity.
Teodorani Massimo, in mind Creative. From the physical universe to intelligent life.
Teodorani Massimo, The entanglement. The Weave In the quantum world: particles To consciousness.
Teodorani Massimo, Synchronicity. The link between physics and psyche. Da Pauli Young ' s Next In Chopra.
Teodorani Massimo, The Atom and the particles Elementary.
Seems Frank The physics of Immortality.
John White, The encounter between science and spirit..
Claudio Widmann, Synchronicity and coincidences Significant.
Claudio Widmann, Introduction to Synchronicity.

Impresión terminada el 15 de abril de 2022
Vicente Cajal es el seudónimo de Bruno Del Medico, bloguero, escritor, editor, especializado en la difusión de temas relacionados con la actualidad social y las nuevas fronteras de la ciencia. Es autor de numerosos textos relacionados con la reciente pandemia y de una serie especializada en física cuántica y metafísica.